国家职业教育建筑装饰工程技术专业
教学资源库配套教材

重点教材

国家精品在线开放课程配套教材

化教材

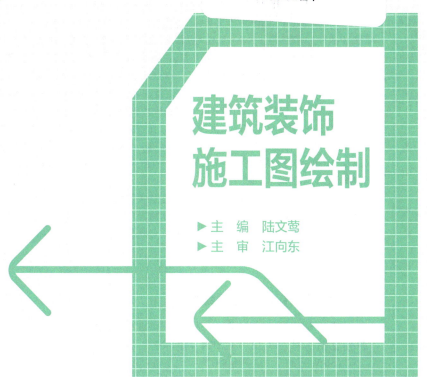

建筑装饰
施工图绘制

▶ 主 编 陆文莺
▶ 主 审 江向东

高等教育出版社·北京

内容提要

　　本书是国家职业教育建筑装饰工程技术专业教学资源库配套教材、国家级精品在线开放课程"建筑装饰施工图绘制"配套教材、"十三五"江苏省高等学校重点教材。本书是以高职高专教育土建类专业指导委员会建筑设计类专业分指导委员会编写的《高等职业教育建筑装饰工程技术专业教学基本要求》为依据,并参照国家、行业相关的设计规范、制图标准、施工技术标准、质量验收规范等编写的高等职业教育新形态一体化教材。

　　本书在内容编写上按照国家最新的标准规范,以建筑装饰施工图深化设计项目为编排主线,在结构设计上强调了教材的可读性、可指导性和综合性,采用项目—子项目—任务的编排方式,通过"任务目标、任务描述、知识准备、任务实施、任务拓展"的编排顺序渐进性展开项目任务学习,配合大量的施工图、微课、动画和企业案例,对较难理解的装饰构造部分还制作了 AR 模型资源,使教学内容便于理解和富有趣味性。本书力求做到层次分明、内容完整清晰、通俗易懂、实用性强。

　　本书可以作为建筑装饰工程技术、建筑工程技术、建筑室内设计、环境艺术设计等相关专业的教学用书,也可作为装饰设计员岗位技术培训教材及企业专业技术人员的参考用书。

　　授课教师如需要本书配套的教学课件资源,可发送邮件至邮箱gztj@ pub. hep. cn 索取。

图书在版编目（ＣＩＰ）数据

　　建筑装饰施工图绘制／陆文莺主编. -- 北京：高等教育出版社，2022.5（2024.4重印）
　　ISBN 978-7-04-056007-7

　　Ⅰ. ①建…　Ⅱ. ①陆…　Ⅲ. ①建筑装饰-工程施工-建筑制图-高等职业教育-教材　Ⅳ. ①TU767

　　中国版本图书馆 CIP 数据核字(2021)第 065857 号

建筑装饰施工图绘制
JIANZHU ZHUANGSHI SHIGONGTU HUIZHI

| 策划编辑　温鹏飞 | 责任编辑　温鹏飞 | 特约编辑　李　立 | 封面设计　杨立新 |
| 版式设计　马　云 | 插图绘制　黄云燕 | 责任校对　窦丽娜 | 责任印制　刁　毅 |

出版发行	高等教育出版社	网　　址	http://www.hep.edu.cn
社　　址	北京市西城区德外大街4号		http://www.hep.com.cn
邮政编码	100120	网上订购	http://www.hepmall.com.cn
印　　刷	涿州市京南印刷厂		http://www.hepmall.com
开　　本	850mm×1168mm　1/16		http://www.hepmall.cn
印　　张	15.5		
字　　数	320千字	版　　次	2022年5月第1版
购书热线	010-58581118	印　　次	2024年4月第3次印刷
咨询电话	400-810-0598	定　　价	43.80元

AR教材
一书在手，全部拥有

内容精选，理实一体，贴近职业教育实际。

双色印刷，图文并茂，建筑模型真实直观。

AR 技术，随扫随学，即时获取立体三维模型、

激发学生学习兴趣。

1. 使手机扫描下方二维码，下载并安装"高教AR"客户端。

2. 成功安装后，点击"高教AR"APP进入应用，允许APP调用手机摄像头，选择相应教材下载配套资源。

3. 下载完成后，进入扫描界面，翻开教材，扫描带有" ![AR] "标识的插图，展开自己的3D学习之旅。

"高教 AR"增强现实 APP

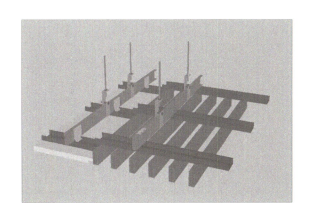

序

2014年6月，国家职业教育建筑装饰工程技术专业教学资源库项目由教育部正式立项(项目编号2014-4)。依据教育部、财政部《关于实施国家示范性高等职业院校建设计划加快高等职业教育改革与发展的意见》(教高〔2006〕14号)和《教育部关于确定职业教育专业教学资源库2014年度立项建设项目的通知》(教职成函〔2014〕10号)等文件精神，围绕支撑建筑装饰行业发展的人才需求，由江苏建筑职业技术学院主持，14所高职院校、14家企业、1家出版社参加，在中国建筑装饰协会、全国住房和城乡建设职业教育教学指导委员会等行业协会指导下，共同建设完成了国家职业教育建筑装饰工程技术专业教学资源库。

资源库依托于校校合作、校企结合，面向教师、学生、企业员工及社会学习者，按照"满足需求、系统设计，多元合作、资源共享，资源集成、提高质量，校企联管、持续更新"的建设思路，构建起兼顾职前教育与职后教育、专业教育与技能培养、教育指导与技术更新的终身学习体系，以满足现代高职教育、企业培训、在职人员继续教育、行业新技术推广应用的需要。通过网络信息技术，为全国高职院校、企业和社会学习者提供资源检索、信息查询、资料下载、教学指导、在线学习、学习咨询、就业支持、人员培训等服务，解决高职院校专业共性需求，实现优质教学资源共享，提升建筑装饰从业人员素质和适应现代教学组织形态的变换。

本套教材是"国家职业教育建筑装饰工程技术专业教学资源库"建设项目的重要成果之一，也是资源库课程开发成果和资源整合应用实践的重要载体。教材体例新颖，具有以下鲜明特色：

第一，系统化课程体系和教材体系。在调研基础上，选取典型工作任务设置课程，建构了理论与实践相结合、专业教育与职业道德教育相结合的工学交替课程体系。教材体系与课程体系相对应，凸显了该系列教材的系统化与整体性。

第二，结构化教材内容。教材内容按照项目、任务等样式，从能力培养目标出发，进行结构化单元设计与内容编写，符合学习者的认知规律和学习实践规律，体现了任务驱动、理实结合的情境化学习内涵，实现了职业能力培养的递进衔接。

第三，创新教材形式。有效整合教材内容与教学资源，实现纸质教材与数字资源的互通。通过资源标识和二维码等形式，把教材与资源库数字资源相关联，方便学习者随扫随学相关微课、动画等，增强学习的趣味性和学习效果，弥补传统课堂形式对授课时间和教学环境的制约，并辅以要点提示、笔记栏等，具有新颖、实用的特点。

国家职业教育建筑装饰工程技术专业教学资源库项目组

2018年7月

前　言

　　"建筑装饰施工图绘制"课程是建筑装饰工程技术专业的核心课程,教学内容对接建筑装饰施工图深化设计岗位需求。本教材的任务是依照装饰空间施工图深化设计和绘制工作流程来完成项目的学习,使学生初步掌握建筑装饰施工图深化设计、绘制、文本制作和图纸审核的基本职业能力,同时培养学生良好的职业素质,为学生毕业后从事建筑装饰施工图深化设计等工作奠定基础。教材以项目训练的方式指导学生项目学习和技能训练,可指导性较强,能给教师提供更好的教学指导。

　　"建筑装饰施工图绘制"课程为 2014 年立项的建筑装饰工程技术专业国家教学资源库核心课程,2018 年国家级精品在线开放课程,具有较扎实的数字资源基础。本课程配套的新形态一体化教材以建筑装饰施工图深化设计项目为编排主线,在结构设计上强调了教材的可读性、可指导性和综合性,采用项目—子项目—任务的编排方式。本教材内容由一个完整的建筑装饰施工图绘制项目组成,分为 6 个子项目,即建筑装饰施工图深化设计,建筑装饰施工图绘制依据文件和技术准备,设计方案识读与尺寸复核,建筑装饰施工图绘制,建筑装饰施工图图表、文件编制和输出,建筑装饰施工图的审核。6 个子项目又细分为 17 个任务,涵盖了装饰施工图文件绘制和编制的所有知识点和技能点。项目按照设计文件识读、现场尺寸复核、绘制计划制订、深化设计、建筑装饰施工图绘制、文本编制、打印输出、图纸审核的工作过程和工作情境组织,形成具有实用性、综合性、启发性和可指导性的项目任务,构建了理论、实践一体化的教学内容,各项目任务之间环环相扣,是相互衔接的关系,既可以单独进行子项目或任务训练,也可以连贯形成一个整体的项目训练。

　　本教材每个知识点和技能点都配套有对应的课件、微课、动画、习题等数字资源,在此基础上,还针对高职学生较难理解的深化设计和装饰构造部分,开发了能够 360° 展现三维造型的 AR 模型资源,并能对从龙骨、基层到面层的各种材料进行拆解和组合,帮助学生更直观地了解建筑空间中不同部位的材料和常用的构造形式,从而更容易理解建筑装饰施工图的深化要求,培养建筑装饰施工图深化设计与绘图能力。

　　本教材根据知识点、技能点设计了相对应的任务,包含任务目标、任务描述、知识准备和评分标准,更加方便教师组织教学活动,为从事本课程教学的教师提供了有价值的教学方法和思路。

　　本书由江苏建筑职业技术学院陆文莺主编,由江苏建筑职业技术学院杨洁、王睿、岳鹏、泰州职业技术学院程广君和江苏水立方建筑装饰设计院有限公司胡艳琴参编,江苏建筑职业技术学院江向东主审。陆文莺设计全书的结构,编写项目 1、项目 4 的任务 4.2、任务 4.5,项目 5 的任务 5.2,项目 8,并负责全书的统稿;杨洁编写项目 4 的任务 4.1、任务 4.3;王睿编写项目 2,项目 5 的任务 5.1;岳鹏编写项目 3;程广君编写项目 4 的任务 4.4 和项目 7;胡艳琴编写项目 6。数字资源由江苏建筑职业技术学院的陆文莺、王睿、江向东、翟胜增、岳鹏、王炼制作,AR 模型由苏州金螳螂建筑装饰股份有限公司李家制作。江苏建筑职业技术学院的领导和老师对本教材的编写给予了极大的关心和支持,在此特向他们表示衷心的感谢。

　　本教材的编写凝练了本课程教学团队十多年来的教学心得,希望以立体化的形式呈现,能有效帮助学生较快领悟装饰构造和深化设计,以项目组织教材内容,方便老师采用项目化教学方法,取得更佳的教学效果。本书编写时间仓促,难免存在不足之处,敬请广大读者对本教材提出宝贵意见,以期在今后再版时予以改正和提高。

编　者
2021 年 1 月

目　录

项目 1

建筑装饰施工图深化设计

想一想:
   1. 你知道施工图是干什么用的吗? 你见过建筑装饰施工图吗?
   2. 你知道建筑、建筑施工图、建筑装饰施工图之间的关系吗?

学习目标

建筑装饰故事
上海世博会中国馆

通过项目活动,学生能正确理解建筑装饰施工图绘制的内容及要求,正确理解建筑装饰施工图绘制的工作程序,正确理解深化设计的内容及要求,能够根据不同的深度要求,进行建筑装饰施工图的深化设计

项目概述

根据建筑装饰施工图深度设计要求,依据建筑装饰设计方案,进行装饰材料选配,进行多种构造做法分析,完成装饰构造设计,并合理进行尺寸标注深度设置、装饰界面深度设置和装修断面深度设置,绘制出建筑装饰深化设计施工图

任务 1.1　建筑装饰施工图认识

通过本任务学习,达到以下目标:明确建筑装饰施工图的内容,理解建筑装饰施工图的特点,掌握建筑装饰施工图绘制的要求。

任务描述

● 任务内容

识读一套标准的居室建筑装饰施工图,与建筑施工图和装饰方案图进行比较分析,具体分析出建筑装饰施工图的特点。

● 实施条件

1. 一套完整标准的居室建筑装饰施工图。
2. 一套居室建筑施工图。
3. 一套居室空间方案设计图。

知识准备

课件
装饰施工图的概念

微课
装饰施工图的概念

建筑装饰工程是在建筑工程土建部分完成后进行的,是对建筑物室外和室内部分进行设计和装饰装修。建筑装饰施工图是指用于表达建筑物室内外装饰美化要求的施工图样,采用正投影等投影法反映建筑的装饰结构、装饰造型、饰面处理,以及反映家具、陈设和植物等布置内容,是建筑装饰工程施工的依据。

1.1.1　建筑装饰施工图的内容

建筑装饰工程是对建筑物的室外部分、室内部分进行装饰装修的工程。室外一般包括外立面的装饰装修;室内则包括室内空间各界面的装饰装修,以及固定家具的设计安装。

课件
装饰施工图的内容

建筑装饰施工图应用比较广泛,按照项目使用功能分,可以分为办公空间建筑装饰施工图、商业空间建筑装饰施工图、酒店空间建筑装饰施工图、娱乐空间建筑装饰施工图、展演空间建筑装饰施工图、居室空间建筑装饰施工图;按照装饰部位分,可以分为室内建筑装饰施工图和室外建筑装饰施工图。

微课
装饰施工图的内容

建筑装饰施工图文件包括图纸总封面、图纸目录、装饰施工图的设计及施工说明、主要图表、装饰施工图的图纸。装饰施工图应包括总平面图、总顶平面图、分项平面布置图、地面铺装图、平面尺寸定位图、平面插座布置图、立面索引图、顶棚平面布置图、顶棚尺寸定位图、顶棚灯位开关控制图、顶棚索引图、墙立面图、柱立面图、剖面图、节点大样图、固定家具详图等。建筑装饰施工图文件要能够反映图样的具体造型、尺寸、材料、构造做法等内容,以作为装饰施工的重要依据。

1.1.2　建筑装饰施工图的绘制要求

一、建筑装饰施工图文件评价标准

动画
装饰施工图的内容

建筑装饰工程是以建筑装饰施工图文件为依据,来完成预算、配料及组织施工,最终完成建筑室内外的装饰装修工程。因此,建筑装饰施工图文件是建筑装饰工程施工的必要的指导性文件,建筑装饰施工图文件的完整性、正确性、清晰性极为重要。

二、建筑装饰施工图文件封面要求

应写明建筑装饰装修工程项目名称、编制单位名称、设计阶段(施工图设计)、设计证书号、编制日期等,封面上应盖设计单位设计专用章。

三、建筑装饰施工图图纸目录要求

建筑装饰施工图设计图纸目录应逐一写明序号、图纸名称、图号、幅面、比例等,标注编制日期,并盖设计单位设计资质专用章。规模较大的建筑装饰装修工程设计,因图纸数量大,可以分册装订,为了便于施工作业,应以楼层或功能分区为单位进行分册编制,但每个编制分册都应包括图纸总目录。

四、设计及施工说明编写要求

公共建筑装饰的设计及施工说明的主要内容有工程概况、设计依据和施工图设计的说明。

家庭装饰装修的设计及施工说明可根据业主要求和实际情况,参照以下内容酌情表述。

1. 工程概况

(1)工程名称、工程地点和建设单位。

(2)工程的原始情况、建筑面积、建筑等级、装饰等级、结构形式、装饰风格、主要用材、设计范围和反映建筑装饰装修等级的主要技术经济指标。

(3)对工程中实际问题的分析及解决方法。

2. 施工图设计的依据

(1)设计所依据的国家和所在省现行政策、法规、标准化设计及其他相关规范。

(2)规模较大的建筑装饰装修工程应说明经上级有关部门审批获得批准文件的文号及其相关内容。

(3)应着重说明装饰设计在遵循消防、生态环保、卫生防疫等规范方面的情况。

3. 施工图设计说明

(1)应写明装饰装修设计在结构和设备等技术方面对原有建筑改动的情况和技术依据。

(2)应写明建筑装饰装修的类别和对耐火等级、防火分区、防火设备、防火门、消火栓的设置以及安全疏散标志的设计等消防要求。

(3)对工程可能涉及的声、光、电、防潮、防水、消声、抗震、防震、防尘、防腐蚀、防辐射等特殊工艺的设计进行说明。

(4)对设计中所采用的新技术、新工艺、新设备和新材料的情况进行说明。

(5)对装饰装修设计风格和特点进行说明。

(6)对主要用材的规格和质量的要求进行说明。

(7)对主要施工工艺的工序和质量的要求进行说明。

(8)标注引用的相关图集。

4. 施工图图纸的有关说明

说明图纸的编制概况、特点以及提示施工单位看图时必要的注意事项,同时还应对图纸中出现的符号、绘制方法、特殊图例等进行说明。所有施工说明都应标注编制日期,并加盖设计单位设计资质专用章。

五、建筑装饰施工图设计图纸

建筑装饰施工图图纸应包括平面图、顶棚(天花)平面图、立面图、剖面图、局部大样图和节点详图。

图纸应能全面、完整地反映装饰装修工程的全部内容,作为施工的依据。对于在施工图中未画出的常规做法或者是重复做法的部位,应在施工图中给予说明。所有施工图都应标注设计出图日期,并加盖设计单位设计资质专用章,项目负责人、设计师和制图、校对、审核的相关人员均应签名。对于一些规模较小或者设计要求较为简单的装饰装修工程,可依据本规定对施工图纸的编制做相应的简化和调整。

1. 平面图

平面图包括所有楼层的总平面图、各房间的平面布置图、平面尺寸定位图、地面铺装图、立面索引图等。

所有平面图应符合下列要求:

(1)标明原建筑图中柱网、承重墙以及装饰装修设计需要保留的非承重墙、建筑设施、设备;

(2)标明轴线编号,轴线编号应与原建筑图一致,并标明轴线间尺寸、总尺寸以及装饰装修需要定位的尺寸;

(3)标明装饰装修设计对原建筑变更过后的所有室内外墙体、门窗、管井、电梯和自动扶梯、楼梯和疏散楼梯、平台和阳台等位置和需要的尺寸,并标明楼梯的上下方向;

(4)标明固定的装饰造型、隔断、构件、家具、卫生洁具、照明灯具、花台、水池、陈设以及其他固定装饰配置和饰品的名称、位置及需要的定位尺寸,必要时可将尺寸标注在平面图内;

(5)标注装饰设计中新设计的门窗编号及开启方向,表示家具的橱柜门或其他构件的开启方向和方式;

(6)标注装饰装修完成后的楼层地面、主要平台、卫生间、厨房等有高差处的设计标高;

(7)标注索引符号和编号、图纸名称和制图比例。

2. 顶平面图

顶棚(天花)平面图应包括装饰装修楼层的顶棚(天花)总平面图、顶棚(天花)布置图、顶棚尺寸定位图、顶棚灯位开关控制图、顶棚索引图。

所有顶棚(天花)平面图应符合下列要求:

(1)应与平面图的形状、大小、尺寸相对应;

(2)标明柱网和承重墙、主要轴线和编号、轴线间尺寸和总尺寸;

(3)标明装饰装修设计调整过后的所有室内外墙体、管井、电梯和自动扶梯、楼梯和疏散楼梯、雨棚和天窗等的位置,并标注空间位置名称;

(4)标注顶棚(天花)设计标高;

(5)标注索引符号和编号、图纸名称和制图比例。

3. 立面图

应画出需要装饰装修设计的外立面和室内各空间的立面。无特殊装饰装修要求的立面可不画立面图,但应在装饰装修施工说明中予以交代。

(1)标明立面范围内的轴线和轴线编号,标注立面两端轴线之间的尺寸及需要设计部位的立面尺寸。

（2）绘制立面左右两端的内墙线，标明上下两端的地面线、原有楼板线、装饰的地坪线、装饰设计的顶棚（天花）及其造型线。

（3）标注顶棚（天花）剖切部位的定位尺寸及其他相关所有尺寸，标注地面标高、建筑层高和顶棚（天花）净高。

（4）绘制墙面和柱面的装饰造型、固定隔断、固定家具、装饰配置、饰品、广告灯箱、门窗、栏杆、台阶等的位置，标注定位尺寸及其他相关尺寸。非固定物如可移动的家具、艺术品、陈设品及小件家电等一般不需绘制。

（5）标注立面和顶棚（天花）剖切部位的装饰材料种类、材料分块尺寸、材料拼接线和分界线定位尺寸等。

（6）标注立面上的灯饰、电源插座、通信和电视信号插孔、空调控制器、开关、按钮、消火栓等的位置及定位尺寸，标明材料种类、产品型号和编号、施工做法等。

（7）标注索引符号和编号、图纸名称和制图比例。

（8）对需要特殊和详细表达的部位，可单独绘制其局部立面大样，并标明其索引位置。

4. 剖面图

剖面图包括表示空间关系的整体剖面图、表示墙身构造的墙身剖面图，以及为表达设计意图所需要的各种局部剖面图。

整体剖面图应符合下列要求：

（1）标注轴线、轴线编号、轴线间尺寸和外包尺寸；

（2）剖切部位的楼板、梁、墙体等结构部分应按照原始建筑图或者实际情况绘制清楚，标注需要装饰装修设计的剖切部位的楼层地面标高、顶棚（天花）标高、顶棚（天花）净高、剖切位置层高等尺寸；

（3）剖面图中可视的墙柱面应按照其立面内容绘制，并标注立面的定位尺寸和其他相关尺寸，注明装饰材料种类和做法；

（4）应绘制顶棚（天花）、天窗等剖切部分的位置和关系，标注定位尺寸和其他相关尺寸，注明装饰材料种类和做法；

（5）应绘制出地面高差处的位置，标注定位尺寸和其他相关尺寸，标明标高；

（6）标注索引符号和编号、图纸名称和制图比例。

局部剖面图应能绘制出平面图、顶棚（天花）平面图和立面图中未能表达清楚的复杂部位以及需要特殊说明的部位，应表明剖切部位的装饰装修构造的各组成部分的关系或装饰装修构造与建筑构造之间的关系，标注详细尺寸、标高、材料、连接方式和做法。局部剖面的部位应根据需要表示的装饰装修构造形式确定。

5. 局部大样图

局部大样图是将平面图、顶棚（天花）平面图、立面图和剖面图中某些需要更加清晰表达的部位，单独抽取出来绘制大比例图样，大样图要能反映更详细的内容。

6. 节点详图

节点详图应剖切在需要详细说明的部位并绘制大比例图样。节点详图通常应包括以下内容：

（1）表示节点处的内部构造形式，绘制原有结构形态、隐蔽装饰材料、支撑和连接材料及构件、配件之间的相互关系，标明面层装饰材料的种类，标注所有材料、构件、配件等的详细尺寸、产品型号、工艺做法和施工要求；

（2）表示面层装饰材料之间的连接方式、标明连接材料的种类及连接构件等，标注面层装饰材料的收口、封边及其详细尺寸和工艺做法；

（3）标注面层装饰材料的种类、详细尺寸和做法；

（4）表示装饰面上的设备和设施安装方式及固定方法，确定收口和收边方式，并标注其详细尺寸和做法；

（5）标注详图符号和编号、节点名称和制图比例。

7. 图表

建筑装饰工程中项目分类较细，为方便阅图，需要编制相关图表。建筑装饰施工图图表包括图纸目录表、主要材料表、灯光图表、门窗图表、五金图表等。

1.1.3   建筑装饰施工图的特点

课件
装饰施工图的特点

微课
装饰施工图的特点

（1）建筑装饰施工图是在装饰设计方案图的基础上进行深化设计，图纸内容必须包括详细的构造大样图。

（2）图示内容、标注尺寸、文字说明根据图纸的比例大小不同都有相应的深化设计要求。

（3）在绘图中可以省略土建原有的建筑材料和构造的绘制。

（4）装饰平面图、立面图中可以修饰，画出配景。

（5）建筑装饰施工图中的需购置陈设内容（如家具、电器、装饰品等）只提供大致构想，具体实施由房主根据情况来选择。

（6）建筑装饰施工图是指导施工的重要依据，因此，图纸表达必须完整、正确、清晰。

任务实施：认识建筑装饰施工图

一、任务条件

教师提供一套标准的建筑装饰施工图，包含封面、图纸目录、设计及施工说明、图表和装饰施工图图纸。

二、任务要求

● 认识建筑装饰施工图

列出本套装饰施工图纸的内容，归纳本套图纸具有的特点，对图纸所表达的内容进行描述，任务详细要求见表1-1-1。

表1-1-1   认识建筑装饰施工图

任务	认识建筑装饰施工图
学习领域	建筑装饰施工图的内容、绘制要求和特点
行动描述	教师给出一套建筑装饰施工图纸，学生识读图纸，分析装饰施工图的内容，了解装饰设计造型、材料、尺度和构造做法。认识建筑装饰施工图和建筑施工图、装饰设计方案图的区别，明确建筑装饰施工图的特点

续表

工作岗位	设计员、施工员
工作依据	《房屋建筑室内装饰装修制图标准》(JGJ/T 244—2011)
工作方法	1. 分析任务书,认识建筑装饰施工图纸; 2. 识读建筑装饰施工图图表、设计及施工说明、施工图图纸; 3. 分析造型、设备、材料、尺寸、构造做法; 4. 完成表 1-1-2 所示工作页 1-1(识读建筑装饰施工图)
预期目标	通过实践训练,初步认识建筑装饰施工图,进一步提高建筑装饰施工图的识读能力,明确建筑装饰施工图的特点

表 1-1-2　工作页 1-1(识读建筑装饰施工图)

序号	工作内容	指标	识读内容	存在问题
1	图纸概况	项目名称、设计阶段、设计单位、日期		
2	图表内容	施工设计说明		
		图纸目录		
		装饰材料表		
3	图纸内容	平面图、顶棚平面图、立面图、固定家具图、详图等		
4	图纸表述不清楚、不完整的问题			

三、评分标准

识读建筑装饰施工图评分标准见表 1-1-3。

表 1-1-3　识读建筑装饰施工图评分标准(10 分)

序号	评分内容	评分说明	分值
1	图纸概况识读	能识读项目名称、设计阶段、设计单位、日期	1
2	图表内容识读	图表内容识读准确,能进行归类分析	2
3	图纸内容的识读	能识读平面图、顶棚平面图、立面图、固定家具图、详图等	2
4	装饰施工图的特点识读	分析本套图纸体现了装饰施工图的哪些特点	2
5	图纸问题点识读	根据图纸具体分析出存在的问题	3

任务 1.2　建筑装饰施工图深化设计

任务目标

通过本任务学习,达到以下目标:能明确深化设计的内容和具体深度设置层级;能对建筑装饰施工图进行深化设计分析;能完成简单造型的深化设计图,包括尺寸标注深度设置、装饰界面绘制深度设置和装修断面绘制深度设置。

任务描述

• 任务内容

根据某个较简单装饰造型,独立绘制深化设计图,在尺寸标注深度、装饰界面绘制深度和断面绘制深度等几个方面设置准确、合理。

• 实施条件

装饰造型的尺寸和设计效果图。

知识准备

1.2.1　建筑装饰施工图深化设计的内容

建筑装饰施工图是在装饰设计方案图的基础上,正确理解方案设计构思,对建筑室内外空间的装饰部位进行构造深化设计的图纸,是建筑装饰施工工程中必不可少的施工文件。

建筑装饰施工图深化设计工作包括方案图后期装饰施工图深化设计、建筑装饰施工图绘制、建筑装饰施工图文件编制等工作内容。

建筑装饰施工单位需要有设计单位审核通过的施工图纸方可施工。

1.2.2　建筑装饰施工图深化设计的程序

参考国内各建筑装饰设计院和建筑装饰公司设计部门的施工图深化工作,本节对建筑装饰施工图深化设计的程序做了概括,分别为准备阶段、绘制阶段、编制阶段和审核阶段。建筑装饰施工图的深化设计程序如表 1-2-1 所示。

表 1-2-1　建筑装饰施工图深化设计程序

深化阶段	工作顺序	深化设计内容	工作过程
准备阶段	1	方案设计阶段设计输出成果识读	咨询
	2	现场尺寸复核	决策
	3	确定装饰构造及施工工艺	

续表

深化阶段	工作顺序	深化设计内容	工作过程
绘制阶段	4	制订装饰施工图深化设计与绘制计划	计划
	5	楼地面装饰施工图绘制	实施
	6	顶棚装饰施工图绘制	
	7	墙、柱面装饰施工图绘制	
	8	固定家具详图绘制	
	9	装饰施工图详图绘制	
编制阶段	10	主要图表编制	
	11	建筑装饰施工图设计文件、说明书编制	
	12	建筑装饰施工图文件输出	
审核阶段	13	建筑装饰施工图审核	检查
	14	现场技术交底	评估

1.2.3　建筑装饰施工图深度设置

课件
尺寸标注深度设置

建筑装饰施工图是设计方案阶段之后的图纸,应能达到指导施工的要求,建筑装饰施工图要求有一定的深度。在建筑装饰施工图的制图中,依据不同的比例设置,将设置不同的绘制深度。

深度设置共分为三项内容:尺寸标注深度设置、装饰界面绘制深度设置、装修断面绘制深度设置。

微课
尺寸标注深度设置

一、尺寸标注深度设置

建筑装饰施工图应在不同阶段和使用不同绘制比例时,均对尺寸标注的详细程度做出不同要求。尺寸标注的深度是按照制图阶段及图样比例这两方面因素来设置,具体分为六个层级的尺寸标注深度设置。这六级尺寸设置是按照设计深度顺序不断递进的。

(1)土建轴线尺寸。反映结构轴号之间的尺寸,如图1-2-1所示。

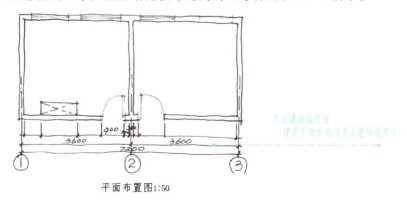

1.土建轴线尺寸
建筑平面首先应有土建轴线尺寸

平面布置图1:50

图1-2-1　尺寸标注深度第1层级

（2）总尺寸。反映图样总长、宽、高的尺寸，如图 1-2-2 所示。

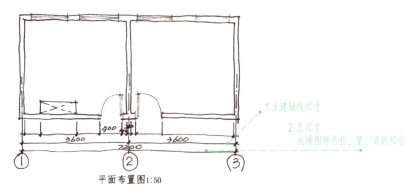

平面布置图1:50

图 1-2-2　尺寸标注深度第 2 层级

（3）定位尺寸。反映空间内各图样之间的定位尺寸的关系或比例，如图 1-2-3 所示。

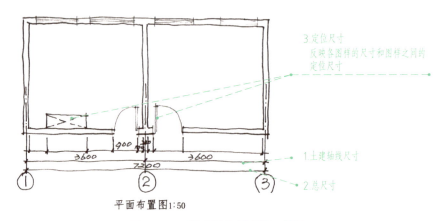

平面布置图1:50

图 1-2-3　尺寸标注深度第 3 层级

（4）分段尺寸。各图样内的大构图尺寸（如立面的三段式比例尺寸关系、分割线的板块尺寸、主要可见构图轮廓线的尺寸），如图 1-2-4 所示。

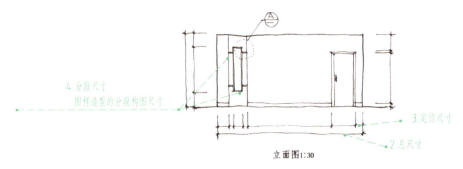

立面图1:30

图 1-2-4　尺寸标注深度第 4 层级

（5）局部尺寸。局部造型的尺寸比例（如装饰线条的总高、门套线的宽度等），如图1-2-5所示。

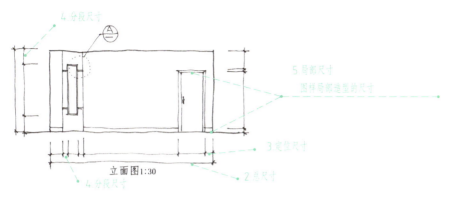

图1-2-5　尺寸标注深度第5层级

（6）节点细部尺寸。一般为详图上所进一步标注的细部尺寸（如分缝线的宽度等），如图1-2-6所示。

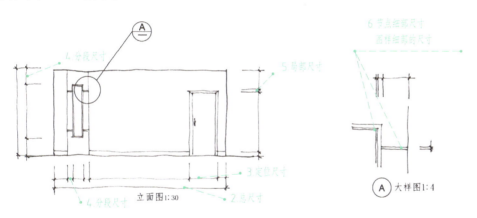

图1-2-6　尺寸标注深度第6层级

建筑装饰施工图尺寸标注深度设置一般的表现：平面图中一般表现第1、2、3尺寸深度层级；立面图中根据比例应延伸表现到第4、5尺寸深度层级；只有在详图的大比例图纸中才能表现第6尺寸深度层级。

二、装饰界面绘制深度设置

装饰界面绘制深度是指对各平、顶、立界面，以及陈设界面的绘制详细程度，其绘制深度依据不同的比例来设置。

装饰界面绘制深度大体分为四个层级。

（1）画出外形轮廓线和主要空间形态分割线（1∶200、1∶150、1∶100），如图1-2-7所示。

（2）画出外轮廓线和轮廓线内的主要可见造型线（1∶100、1∶80），如图1-2-8所示。

（3）画出具体造型的可见轮廓线及细部界面的折面线、花饰图案等（1∶50、1∶30、1∶20），如图1-2-9所示。

课件
装饰界面绘制深度设置

微课
装饰界面绘制深度设置

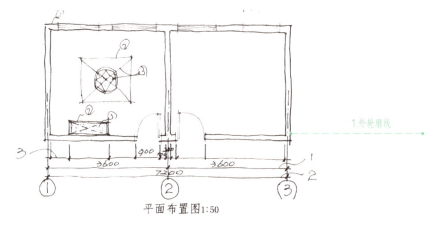

图1-2-7　装饰界面深度第1层级

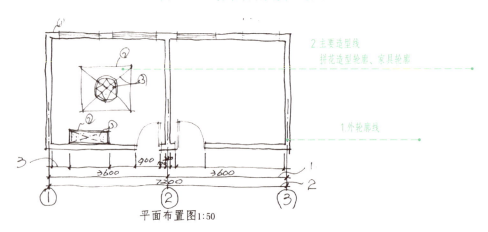

图1-2-8　装饰界面深度第2层级

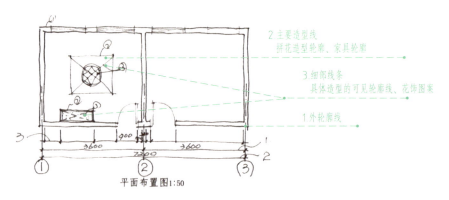

图1-2-9　装饰界面深度第3层级

（4）画出不小于4mm的细微造型可见线和细部折面线等,画出所有五金配、饰件的具象造型细节及花饰图案、纹理线等(1:10、1:5、1:2、1:1),如图1-2-10所示。

绘制1:200、1:150、1:100比例的平面、顶平面时,家具、灯具、设备等线型较丰富的图块只画外轮廓线,当内部主要分割线不能简化时,笔宽设置则全部改为浅色细线。绘制1:50比例的立面、剖立面图时,家具、灯具、设备等线型较丰富的图块只画

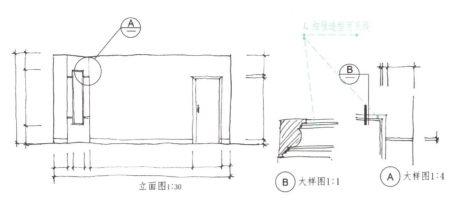

图 1-2-10　装饰界面深度第 4 层级

外轮廓线,当内部主要分割线不能简化时,笔宽设置则全部改为浅色细线。绘制
1:30、1:50 比例的立面、剖立面时,当被绘制图样为两条平行线,且图样实际间距过
近时,应改变其线型或数量。装饰界面绘制深度,可由项目负责人针对某一具体情况
进行调整。

　　建筑装饰施工图装饰界面深度设置一般的表现:平面图、立面图中一般可包含第
1、2、3 界面深度层级;较大比例立面图也可以延伸表现到第 4 界面深度层级;一般在详
图中才能详细表现第 4 界面深度层级。

三、装修断面绘制深度设置

　　装修断面绘制深度是指对装修构造层剖面的表示深度,其绘制深度按不同比例的
设置,均有不同的绘制深度,见表 1-2-2。

表 1-2-2　断面深度设置

深度级别	深度设置图例	深度设置要求	参考比例
1		不表示断面	1:150、1:200、1:250
2		表示断面外饰线,不表示断面层	1:100、1:80、1:70
3		表示断面层,不表示断面龙骨形式	1:60、1:50、1:20
4		表示断面层、断面龙骨形式、断面填充材料图例	1:10
5		表示断面层、断面龙骨形式、断面填充材料图例、紧固件	1:6、1:5、1:2、1:1

装修断面包括平面系列、剖立面系列和详图系列。

按照不同的比例,装修断面(层)绘制深度共分五个层级。

(1)当 1∶a 时(a>100),如 1∶150、1∶200⋯

断面层总厚度<150mm 时,不表示断面。

断面层总厚度≥150mm 时,表示断面外饰线,不表示断面层。

如图 1-2-11 所示居室平面图,比例为 1∶120,表示原建筑墙体,不表示装饰完成面。

(2)当 1∶a 时(60<a≤100),如 1∶100、1∶80、1∶70⋯

断面层总厚度<60mm 时,不表示断面。

断面层总厚度≥60mm 时,表示断面外饰线,不表示断面层。

如图 1-2-12 所示居室平面图,比例为 1∶60,在原建筑墙体外表示出装饰完成面。

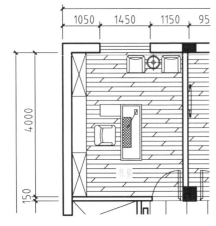

图 1-2-11　装修断面深度第 1 层级

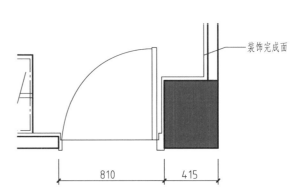

图 1-2-12　装修断面深度第 2 层级

(3)当 1∶a 时(10<a≤60),如 1∶60、1∶50、1∶20⋯

断面层总厚度≤amm 时,表示断面外饰线(如粉刷线等),不表示断面层。

断面层总厚度>amm 时,表示断面层,不表示断面龙骨形式。

断面层总厚度≥250mm,表示断面层、断面龙骨排列,断面不填充材料图例。

如图 1-2-13 所示立面图,比例为 1∶40,立面表现顶剖面,表示顶部外轮廓断面层,不表示断面龙骨形式。

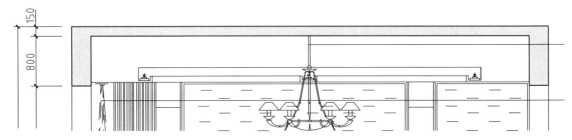

图 1-2-13　装修断面深度第 3 层级

(4)当 1∶a 时(a=10)。

断面层总厚度≤10mm 时,表示断面外饰线(如粉刷线等),不表示断面层。

断面层总厚度>10mm时,表示断面层、断面龙骨形式、断面层部分材料图例填充。

如图1-2-14所示橱柜剖面图,比例为1∶10,表示柜体构造断面层和柜体木龙骨,柜板、基层和龙骨断面填充材料图例。

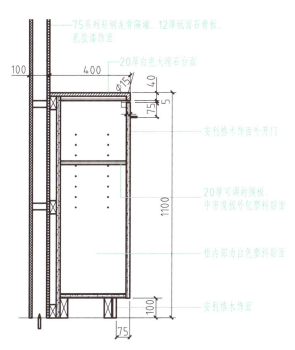

图1-2-14 装修断面深度第4层级

（5）当1∶a时(1≤a<10),如1∶6、1∶5、1∶2、1∶1…

表示断面层、断面龙骨形式,断面层填充材料图例,表示节点紧固件,如图1-2-15所示。

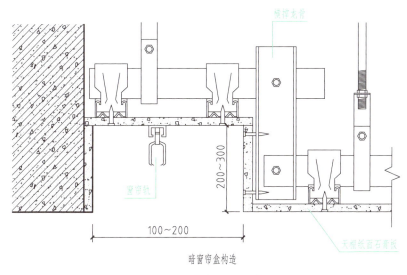

暗窗帘盒构造

图1-2-15 装修断面深度第5层级

建筑装饰施工图装修断面的绘制深度主要是依据图纸比例,一般表现为:平面图中的墙体断面依据比例一般表现第1、2断面深度层级;立面图的墙体断面表现第2断面深度层级,顶剖面表现第3断面深度层级;在详图中断面根据比例表现第4、5断面深度层级。

任务实施:建筑装饰施工图深化设计

一、任务条件

给出局部的装饰造型效果图或现场图片,如图1-2-16所示卧室造型墙,长4.8m、层高2.8m,墙面造型做法为木饰面造型、软包、壁纸贴面、木线条收边。

图1-2-16   卧室造型墙

二、任务要求

观察卧室墙面造型的大致比例,绘制出立面图、剖面图、节点大样图,在尺寸标注深度、装饰界面深度、装修断面深度等方面进行深化设计,并进行深度设置分析。

(1)整理木饰面构造做法的相关资料,完成表1-2-3所示工作页1-2(木饰面构造做法)。根据木饰面构造做法的资料整理情况,分析不同构造做法的材料、尺度和优点,确定木饰面的具体构造做法。

表1-2-3   工作页1-2(木饰面构造做法)

木饰面构造类型	节点详图(绘图)	施工工艺

(2)绘制立面图、剖面图、节点大样图。选择A3图幅,自行确定合适的比例,按照尺寸标注深度、装饰界面深度、装修断面深度的要求,完成立面图、剖面图、节点大样图的图样绘制、尺寸标注、材料标注等图纸内容。

(3)尺寸标注深度设置分析。分析每张图纸的尺寸标注到第几个层级,概述尺寸标注深度设置规律。

（4）装饰界面绘制深度设置分析。分析每张图纸的装饰界面绘制深度分别属于第几层级，分析其深度都和哪些因素有关。

（5）装修断面绘制深度设置分析。装修断面出现在哪些图纸中？分别指出这些装修断面的深度层级，以及依据的相关因素。

三. 评分标准

建筑装饰施工图深化设计评分标准见表1-2-4。

表1-2-4 建筑装饰施工图深化设计评分标准（10分）

序号	评分内容	评分说明	分值
1	绘制内容	比例合理；材料构造合理；图纸内容完整	4
2	尺寸标注深度	尺寸标注完整；达到深度层级	2
3	装饰界面深度	装饰界面表达完整；达到深度层级	2
4	装修断面深度	装修断面表达完整，填充图例正确；达到深度层级	2

项目拓展实训

收集几套较完整的建筑装饰施工图，分析尺寸标注深度设置、装饰界面绘制深度设置和装修断面绘制深度设置情况，分别属于哪个层级，仔细研究其深度设置是否达到要求，理解建筑装饰施工图的特点。

习题与思考

1. 正确认识建筑装饰施工图深化设计，如果深化设计不到位，会有什么影响？请举例说明。

2. 断面图在哪些层级时需要绘制材料图例，有什么作用？

3. 剖立面图的断面绘制深度在第几层级，常选用什么比例？

项目 2

建筑装饰施工图绘制依据文件和技术准备

想一想：

1. 绘制建筑装饰施工图有需要依据的文件吗？是哪些文件呢？

2. 绘制建筑装饰施工图时为何要以制图标准作为指导？

3. 绘图时如不遵循相关标准和规范，将会带来怎样的后果？

学习目标

建筑装饰故事
宋代《营造法式》

通过项目学习，学生能明确建筑装饰施工图绘制需要依据的标准和规范，正确理解制图标准和规范的内容及要求，能在建筑装饰施工图绘图中熟练应用制图标准，能做好绘制建筑装饰施工图的技术准备，能做好文件管理和绘制开图文件。

项目概述

根据一套建筑装饰施工图，对其进行识读，归纳建筑装饰施工图的内容和特点，根据制图标准检验其制图规范性，并进行修正，进一步进行文件合理化管理，并调整绘制标准有效的开图文件。

任务 2.1　掌握建筑装饰施工图制图标准

任务目标

通过本任务学习，达到以下目标：明确建筑装饰施工图绘制需要依据的国家和行业标准和规范，明确其内容和具体应用。能根据《房屋建筑制图统一标准》（GB/T

50001—2017）、《房屋建筑室内装饰装修制图标准》（JGJ/T 244—2011），掌握建筑装饰施工图制图的要求和规范，明确建筑装饰施工图绘制的标准性目标。

任务描述

• 任务内容

纠正一套装饰施工图中的制图标准问题，并能进行修改。

• 实施条件

1. 一套存在制图标准问题的建筑装饰施工图 CAD 文件。

2. 熟练掌握 AutoCAD 操作命令。

3.《房屋建筑制图统一标准》（GB/T 50001—2017）、《房屋建筑室内装饰装修制图标准》（JGJ/T 244—2011）。

知识准备

2.1.1 建筑装饰施工图绘制依据文件

建筑装饰施工图是建筑装饰工程实践的重要图纸，具有专业性、严谨性、规范性、可指导性、可广泛识读性等特征，国家和行业制定了一系列相关标准和规范对设计、制图、材料、施工工艺、消防、防火等方面提出了规定性意见，以标准和规范等形式发行，作为装饰行业的指导性文件。这些指导性文件是从事装饰施工图绘制的工作人员必须要掌握的。

有关绘制建筑装饰施工图的图纸标准应以《房屋建筑制图统一标准》（GB/T 50001—2017）、《房屋建筑室内装饰装修制图标准》（JGJ/T 244—2011）作为基本指导标准，图纸中的图线、标注、字体、比例、符号等，都应严格按照制图标准来绘制，各装饰企业可以在国标的基础上更进一步细化，但不能低于此标准。

有关装饰材料、施工工艺、施工质量、消防、防火规定的文件有《住宅装饰装修工程施工规范》（GB 50327—2001）、《建筑装饰装修工程质量验收标准》（GB 50210—2018）、《建筑装饰装修工程施工工艺标准》（DBJ/T 61-37-2016）、《建筑内部装修设计防火规范》（GB 50222—2017）等。随着建筑装饰施工图的进一步深化，需要表现装饰造型的详细构造做法，标注装饰材料、连接件等细节。剖面图、节点大样图中的构造做法，都应符合《建筑装饰装修工程施工工艺标准》、《住宅装饰装修工程施工规范》及《建筑装饰装修工程质量验收标准》的要求，其中涉及防火、消防等内容，应遵循《建筑内部装修设计防火规范》的要求。

有关室内装饰施工图设计深度的相关文件有国家建筑标准设计图集中的《民用建筑工程室内施工图设计深度图样》（06SJ803），用图文并茂的编制方式，选择工装、家装两套具有代表性的工程实例，绘制了两套完整的室内设计施工图样图，以求起到统一建筑装饰行业室内设计图面表达方法与规范室内设计文件编制深度的作用。各地方也有发行的文件编制深度规定，如《上海市全装修住宅室内装修工程施工图设计文件编制深度规定》《江苏省建筑装饰装修工程设计文件编制深度规定》等，适用于各地方对工程设计文件编制的深度规定。

同时,相关图集如《内装修——墙面装修》《内装修——室内吊顶》《内装修——楼(地)面装修》,适用于新建、改建、扩建的民用建筑室内装饰装修工程,供室内设计师及建筑设计人员选用或参考。图集主要编入室内墙面、地面、顶棚等界面的剖面图或节点大样图,表现了室内装修构造的做法、常用的装饰材料等,为绘制建筑装饰施工图提供了很好的参考。

2.1.2　建筑装饰制图标准

建筑装饰施工图图纸的表达应主要以《房屋建筑制图统一标准》(GB/T 50001—2017)、《房屋建筑室内装饰装修制图标准》(JGJ/T 244—2011)为主要依据。

一. 图纸幅面

装饰装修的图纸幅面规格与其他建筑类专业的图纸幅面规格一样,只是其他建筑类专业的图纸幅面的尺寸大多比装饰装修图纸的幅面大,常采用 A1、A2 及 A0,而装饰装修图纸常采用 A2、A3,少数用 A1。

(1)图幅即图纸幅面,指图纸的尺寸大小,以幅面代号 A0、A1、A2、A3、A4 区分。

(2)图纸幅面及图框尺寸,应符合表 2-1-1、表 2-1-2 的规定和格式要求。

课件
装饰制图标准-图幅、图线、比例、尺寸标注

微课
装饰制图标准-图幅、图线、比例、尺寸标注

表 2-1-1　图纸幅面及图框尺寸　　　　mm

尺寸代号	幅面代号				
	A0	A1	A2	A3	A4
$b \times l$	841×1189	594×841	420×594	297×420	210×297
c	10			5	
a	25				

表 2-1-1 中,b、l 分别为图纸的短边和长边,a、c 分别为图框线到图幅边缘之间的距离。A0 幅面的面积为 $1m^2$,A1 幅面是 A0 的对开,其余类推。制图标准对图纸的标题栏和会签栏的尺寸、格式和内容没有统一的规定。学校制图作业的标题栏可以简单些。

表 2-1-2　纸长边加长尺寸　　　　mm

幅面尺寸	长边尺寸	长边加长后尺寸
A0	1189	1486、1635、1783、1932、2028、2230、2378
A1	841	1051、1261、1471、1682、1892、2102
A2	594	743、891、1041、1189、1338、1486、1635、1783、1932、2080
A3	420	630、841、1051、1261、1471、1682、1892

注:1. 有特殊需要的图纸,可采用 $b \times l$ 为 841mm×891mm 与 1189mm×1261mm 的面。

2. 建筑装饰装修施工图幅面尺寸以 A3 为主,居室装饰装修施工图以 A3 为主,设计修改通知单以 A4 为主。

(3)图纸以短边作为垂直边称为横式,以短边作为水平边称为立式。一般 A0 ～ A3 图纸宜横式使用;必要时,也可立式使用。

（4）建筑装饰装修制图中，各专业所使用的图纸，一般不宜多于两种幅面。

二、标题栏与会签栏

（1）标题栏是设计图纸中表示设计情况的栏目。标题栏又称图标。标题栏的内容包括工程名称、设计单位名称、图纸内容、项目负责人、设计总负责人、设计、制图、校对、审核、审定、项目编号、图号、比例、日期等。

（2）图框是界定图纸内容的线框。图框包括图框线、幅面线、装订线、标题栏以及对中标志。

（3）横式图纸的标题栏、会签栏及装订边的位置，应按图 2-1-1 所示的形式布置。

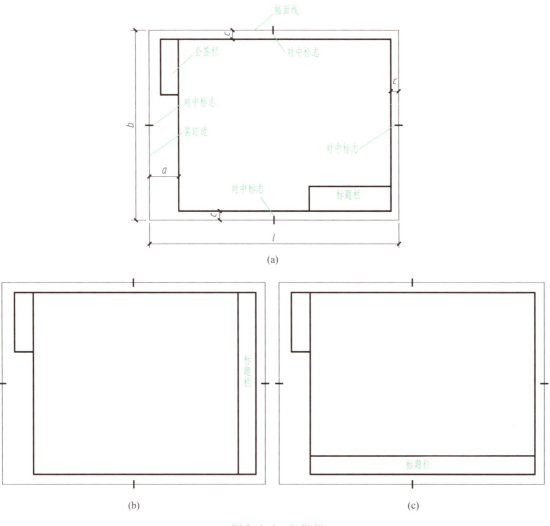

图 2-1-1　标题栏

（4）会签栏应按图 2-1-2 所示的格式绘制，其尺寸应为 100mm×20mm，栏内应填写会签人员所代表的专业、姓名、日期（年、月、日）。一个会签栏不够时，可另加一个，两个会签栏应并列，不需会签的图纸可不设会签栏。

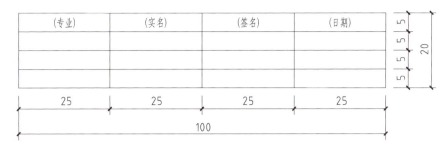

图 2-1-2　会签栏

三、图纸编排顺序

（1）当建筑装饰装修工程含设备设计时,图纸的编排顺序应按专业顺序编排。各专业的图纸应按图纸内容的主次关系、逻辑关系有序排列,通常以图纸目录、房屋建筑室内装饰装修图、给排水图、暖通空调图、电气图等先后为序。标题栏中应含各专业的标注,如"饰施""水施""设施""电施"等。

（2）建筑装饰装修工程图一般按图纸目录,设计说明,总平面图,墙体定位图,地面铺装图,陈设、家具平面布置图,部品部件平面布置图,顶棚总平面图,顶棚装饰灯具布置图,设备设施布置图,顶棚综合布点图,各空间平面布置图,各空间顶棚布置图,立面图,部品部件立面图,剖面图,详图,节点图,装饰装修材料表,配套标准图的顺序排列。

（3）各楼层平面的排列一般按自下而上的顺序排列,某一层的各局部的平面一般按主次区域和内容的逻辑关系排列,立面的表示应按所在空间的方位或内容的区别表示。

四、图线

图线是制图最基本、最重要的知识。图线的核心内容是线型和线宽两个元素。它是表达设计思想的基本语言,设计者必须熟练掌握各种线型和线宽所表达的内容。

图线是指制图中用以表示工程设计内容的规范线条,它由线型和线宽两个基础元素组成。线型有细实线、中实线、粗实线、折断线、点画线、虚线等(表 2-1-3)。图线的宽度 b 宜从下列线宽系列中选取:2.0mm、1.4mm、1.0mm、0.7mm、0.5mm、0.35mm。每个图样,应根据复杂程度与比例大小,先选定基本线宽 b,再选用表 2-1-4 中相应的线宽组。

表 2-1-3　线型及用途

名称	线宽	主要用途
	线型	
粗实线	b ————	1. 平、剖面图中被剖切的主要建筑结构(包括构配件)的轮廓线。 2. 立面图的外轮廓线。 3. 建筑装饰构造详图中被剖切的主要轮廓线

名称	线宽 线型	主要用途
中粗实线	0.7*b*	1. 平、剖面图中被剖切的次要建筑构造（包括构配件）的轮廓线。 2. 房屋建筑室内装饰装修详图中的外轮廓线
中实线	0.5*b*	1. 建筑装饰构造详图及构配件详图中一般轮廓线。 2. 小于 0.7*b* 的图形线、家具线、尺寸线、尺寸界线、索引符号、标高符号、引出线、地面、墙面的高差分界线等
细实线	0.25*b*	图形和图例的填充线
中粗虚线	0.7*b*	1. 被遮挡部分的轮廓线。 2. 被索引图样的范围。 3. 拟建、扩建房屋建筑室内装饰装修部分轮廓线
中虚线	0.5*b*	1. 平面图中的上部的投影装饰轮廓线。 2. 预想放置的建筑或装饰构件
细虚线	0.25*b*	与中虚线相同，小于粗实线一半线宽的不可见轮廓线
中粗单点长画线	0.7*b*	运动轨迹线
细单点长画线	0.25*b*	中心线、对称线、定位轴线
折断线	0.25*b*	不需要画全的断开界线
波浪线	0.25*b*	1. 不需要画全的断开界限。 2. 构造层次的断开界限
点线	0.25*b*	制图需要的辅助线
样条曲线	0.25*b*	1. 不需要画全的断开界线。 2. 制图需要的引出线
云线	0.5*b*	1. 圈出被索引的图样范围。 2. 标注材料的范围。 3. 标注需要强调、变更或改动的区域

表 2-1-4　线　宽　组　　　　　　　　　　　　mm

线宽比	线宽组					
b	2.0	1.4	1.0	0.7	0.5	0.35
0.7b	1.4	1.0	0.7	0.5	0.35	0.25
0.5b	1.0	0.7	0.5	0.35	0.25	0.18
0.25b	0.5	0.35	0.25	0.18	–	–

注:1. 需要微缩的图纸,不宜采用 0.18mm 及更细的线宽。

2. 同一张图纸内,各个不同线宽中的细线,可统一采用较细的线宽组的细线。

工程建设制图应选用表 2-1-3 所示的图线。

五. 比例

图样的比例应为图形与实物相对应的线性尺寸之比。比例的大小是指其比值的大小,如 1：50>1：100。比例宜注写在图名的右侧,字的基准线应取平,比例的字高宜比图名的字高小一号或两号(图 2-1-3)。

平面图 1：100　　⑤1：30

图 2-1-3　图样比例的书写

绘图所用的比例应根据图样的用途与被绘对象的复杂程度从表 2-1-5 中选用,并优先选用表 2-1-5 中的常用比例。

表 2-1-5　绘图所用的比例

常用比例	1：1、1：2、1：5、1：10、1：20、1：30、1：50、1：100、1：150、1：200
可用比例	1：3、1：4、1：6、1：8、1：40、1：60、1：80、1：250、1：300、1：400、1：500

根据建筑装饰装修工程的不同阶段及施工图内容的不同,绘制比例常用设置见表 2-1-6。

表 2-1-6　不同阶段及内容的比例设置

比例	适用阶段	施工图
1：200 1：150 1：100	总图阶段	平面 平顶
1：60 1：50 1：30	区域平面施工图阶段 区域平面施工图阶段 局部平面图、顶平面图(如客房、餐包、卫生间等)	平面 平顶
1：50 1：30 1：20	顶标高在 2.8m 以上的剖立面施工图 顶标高在 2.5m 左右的剖立面 顶标高在 2.2m 以下的剖立面或特别繁复的立面	剖立面 立面
1：10 1：5 1：4 1：2 1：1	2m 左右的剖立面(如顶到地的剖面、大型橱柜剖面等) 1m 左右的剖立面(如吧台、矮隔断、酒水柜等剖立面) 50~60cm 的剖面(如大型门套的剖面造型) 18cm 左右的剖面(如踢脚、顶角线等线脚大样) 8cm 左右的剖面(如凹槽、勾缝、线脚等大样节点)	节点大样

六、符号

符号也是装饰装修制图的重要内容之一。装饰装修制图中的符号主要有剖切符号、索引符号、详图符号、引出线以及对称符号、连接符号。

1. 剖切符号

剖切符号是表示图样中剖视位置的符号。剖切符号分为用于剖视的和断面的两种类型。

（1）剖视的剖切符号应符合下列规定。

① 剖视的剖切符号应由剖切位置线、投射方向线和索引符号组成。剖切位置线位于图样被剖切的部位，以粗实线绘制，长度宜为8～10mm；投射方向线平行于剖切位置线，以细实线绘制，一端与索引符号相连，另一段长度与剖切位置线平行且长度相同。绘制时，剖视的剖切符号不应与其他图线相接触（图2-1-4）。也可采用国际统一和常用的剖视方法（图2-1-5）。

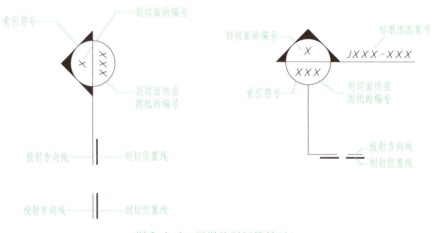

图2-1-4　剖视的剖切符号（1）

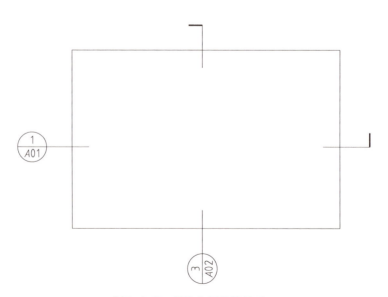

图2-1-5　剖视的剖切符号（2）

② 剖视剖切符号的编号宜采用阿拉伯数字,按顺序由左至右、由下至上连续编排,并应注写在剖视方向线的端部。

③ 需要转折的剖切位置线,应在转角的外侧加注与该符号相同的编号。

④ 建筑装饰装修图的剖面符号应标注在要表示的图样上。

（2）断面的剖切符号应符合下列规定。

① 断面的剖切符号应由剖切位置线、引出线及索引符号组成,剖切位置线应以粗实线绘制,长度宜为 8~10mm。引出线由细实线绘制,连接索引符号和剖切位置线。

② 断面剖切符号的编号宜采用阿拉伯数字或字母,按顺序由左至右、由下至上连续编排,并应注写在索引符号内（图 2-1-6）。

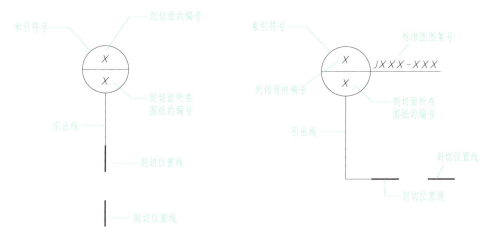

图 2-1-6　断面的剖切符号

剖面图或断面图,如与被剖切图样不在同一张图内,可在剖切位置线的另一侧注明其所在图纸的编号,也可以在图上集中说明（图 2-1-5 和图 2-1-6）。

2. 索引符号与详图符号

（1）索引符号是指图样中用于引出需要清楚绘制细部图形的符号,以方便绘图及图纸查找,提高制图效率。

建筑装饰装修制图中的索引符号可表示图样中某一局部或构件（图 2-1-7a）,也可表示某一平面中立面的所在位置（图 2-1-7b）,索引符号是由直径为 10mm 的圆和水平直径组成,圆及水平直径均应以细实线绘制。室内立面索引符号根据图面比例其圆圈直径可选择 8~12mm。索引符号应按以下规定编写:

① 索引出的详图,如与被索引的详图在同一张图纸内,应在索引符号的上半圆中用阿拉伯数字或字母注明该详图的编号,并在下半圆中间画一段水平细实线（图 2-1-7c）。

② 索引出的详图,如与被索引的详图不在同一张图纸内,应在索引符号的上半圆中用阿拉伯数字或字母注明该详图的编号,在索引符号的下半圆中用阿拉伯数字或字母注明该详图所在图纸的编号（图 2-1-7d）。

③ 索引出的详图,如采用标准图,应在索引符号水平直径的延长线上加注该标准图册的编号（图 2-1-7e）。

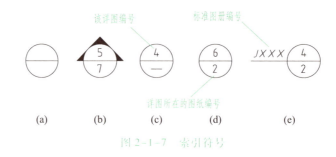

图 2-1-7   索引符号

表示剖切面在界面上的位置或图样所在图纸编号,应在被索引的界面或图样上使用剖切索引符号(图 2-1-8)。

图 2-1-8   用于索引剖视详图的索引符号

索引符号如用于索引立面图,立面图投视方向应用三角形所指方向表示。三角形方向随立面投视方向而变,但圆中水平直线、数字及字母方向不变(图 2-1-9)。

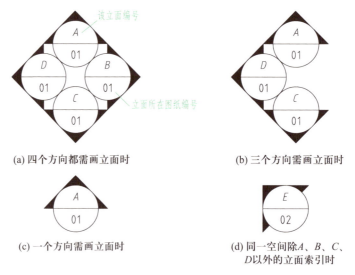

(a) 四个方向都需画立面时   (b) 三个方向需画立面时

(c) 一个方向需画立面时   (d) 同一空间除A、B、C、
                                    D以外的立面索引时

图 2-1-9   立面图索引符号

在平面图中,进行平面及立面索引符号标注,应采用阿拉伯数字或字母为立面编号代表各投视方向,并应以顺时针方向排序。

平面图中 A、B、C、D 等方向所对应的立面,一般按直接正投影法绘制。

在平面上表示立面索引符号示例见图 2-1-10。

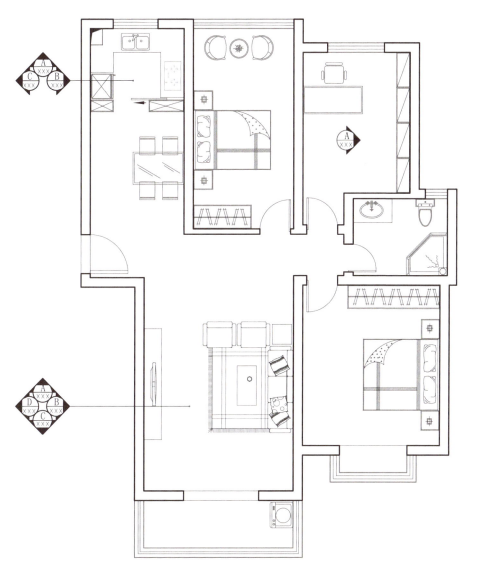

图 2-1-10　立面索引图

　　索引符号如用于图样中某一局部大样图索引,应以引出圈将需被放样的大样图范围完整圈出,并以引出线引出索引符号。范围较小的引出圈以圆形细虚线绘制,范围较大的引出圈以有弧角的矩形细虚线绘制(图 2-1-11)。

　　设备索引符号应由正六边形、水平内径线组成,正六边形、水平内径线应以细实线绘制。正六边形长轴可选择 8 ~ 10mm。正六边形内应注明设备编号及设备品种代号(图 2-1-12)。

　　(2)详图的位置和编号,应以详图符号表示。详图符号的圆应以直径为 8 ~ 12mm细实线绘制。详图应按下列规定编号。

　　① 详图与被索引的图样在同一张图纸内时,应在详图符号内用阿拉伯数字或字母注明详图的编号(图 2-1-13)。

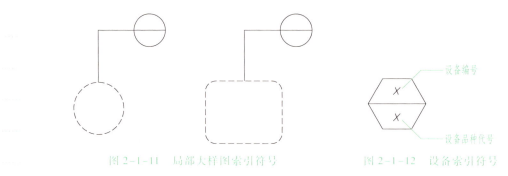

图 2-1-11　局部大样图索引符号　　　　图 2-1-12　设备索引符号

② 详图与被索引的图样不在同一张图纸内时,应用细实线在详图符号内画一水平直径,在上半圆中注明详图编号,在下半圆中注明被索引的图纸的编号(图 2-1-14)。

图 2-1-13　详图与被索引图样在同一张　　　图 2-1-14　详图与被索引图样不在同一张
　　　　图纸内时的详图符号　　　　　　　　　　　图纸内时的详图符号

3. 引出线

引出线应以细实线绘制,宜采用水平方向的直线或与水平方向成 30°、45°、60°、90°的直线,或经上述角度再折为水平线。文字说明宜注写在水平线的上方(图 2-1-15a)、水平线的上方和下方(图 2-1-15b),也可注写在水平线的端部(图 2-1-15c)。多行文字的排列可取在起始或结束位置排起,索引详图的引出线应与水平直径相连接或对准索引符号的圆心(图 2-1-15d)。

图 2-1-15　引出线

同时引出几个相同内容的引出线,宜互相平行(图 2-1-16a),也可画成集中于一点的放射线(图 2-1-16b)。

图 2-1-16　共同引出线

多层构造或多层管道共用引出线,应通过被引出的各层,并应以引出线起止符号指出相应位置。引出线和文字说明的表示应符合现行国家标准《房屋建筑制图统一标准》(GB 50001—2017)的规定,如图 2-1-17 所示。

4. 其他符号

对称符号由对称线和两端的两对平行线组成。对称线用细单点长画线绘制;平行线用细实线绘制,其长度宜为 6~10mm,每对的间距宜为 2~3mm;对称线垂直平分于两对平行线,两端宜超出平行线 2~3mm(图 2-1-18)。

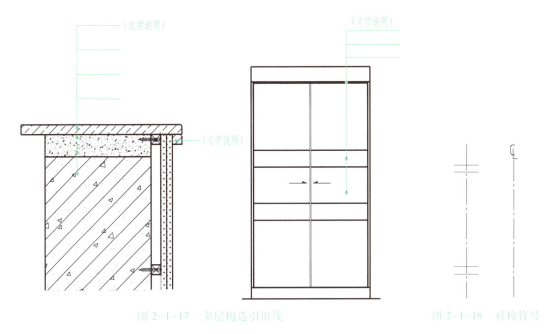

图 2-1-17　多层构造引出线　　　　　　　　图 2-1-18　对称符号

连接符号应以折断线表示需连接的部位。两部位相距过远时,折断线两端靠图样一侧应注明大写拉丁字母表示连接编号。两个被连接的图样必须用相同的字母编号(图 2-1-19)。

指北针的形状宜如图 2-1-20 所示,其圆的直径宜为 24mm,用细实线绘制;指针尾部的宽度宜为 3mm,指针头部应注"北"或"N"字。需用较大直径绘制指北针时,指针尾部宽度宜为直径的 1/8,图 2-1-20 为指北针的基本画法。指北针应绘制在建筑装饰装修平面图上,并放在明显位置,所指的方向应与建筑平面图一致。

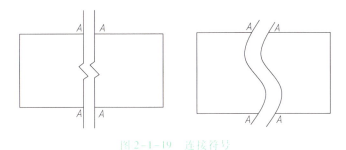

图 2-1-19　连接符号　　　　　　　　　　图 2-1-20　指北针

七、定位轴线

定位轴线是表示柱网、墙体位置的符号。

定位轴线一般应编号,编号应注写在轴线端部的圆内。圆应用 0.25b 线宽的实线绘制,直径宜为 8~10mm。定位轴线圆的圆心应在定位轴线的延长线上或延长线的折线上。定位轴线应用细单点长画线绘制。

平面图上定位轴线的编号,宜标注在图样的下方与左侧。横向编号应用阿拉伯数字,从左至右顺序编写,竖向编号应用大写拉丁字母,从下至上顺序编写(图 2-1-21)。

拉丁字母 I、O、Z 不得用作轴线编号。

附加定位轴线的编号应以分数形式表示,并应按下列规定编写。

（1）两根轴线之间的附加轴线，应以分母表示前一轴线的编号，分子表示附加轴线的编号，编号宜用阿拉伯数字顺序编写（图2-1-22）。

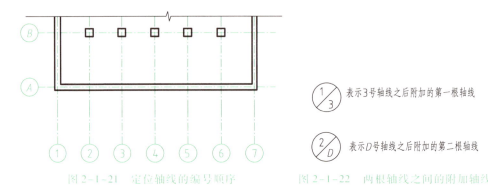

图2-1-21　定位轴线的编号顺序　　　图2-1-22　两根轴线之间的附加轴线

（2）一个详图适用于几根轴线时，应同时注明各有关轴线的编号（图2-1-23）。

(a) 用于1根轴线时　　(b) 用于3根或3根以上轴线时　　(c) 用于1根以上连续轴线时

图2-1-23　详细的轴线编号

八．尺寸标注

尺寸标注是装饰装修制图中最基本的知识之一，其内容丰富，有很多具体的规定细则。能否正确地标注各种尺寸是衡量装饰装修设计师和制图员专业素质的重要标准。图样上的尺寸包括尺寸界线、尺寸线、尺寸起止符号和尺寸数字（图2-1-24）。

1. 尺寸线

尺寸线应用细实线绘制，应与被注长度平行。图样本身的任何图线均不得用作尺寸线。在圆弧上标注半径尺寸时，尺寸线应通过圆心。

2. 尺寸界线

尺寸界线应用细实线绘制，一般应与被注长度垂直，其一端应离开图样轮廓线不小于2mm，另一端宜超出尺寸线2～3mm。图样轮廓线可用作尺寸界线（图2-1-25）。

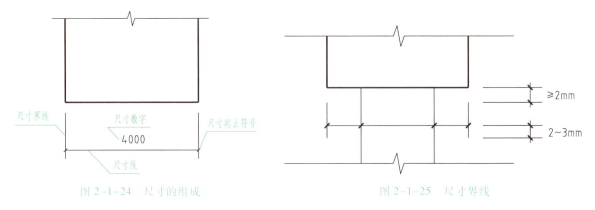

图2-1-24　尺寸的组成　　　　　　　图2-1-25　尺寸界线

3. 尺寸起止符号

尺寸起止符号一般用中粗斜短线绘制,其倾斜方向应与尺寸界线成顺时针 45°角,长度宜为 2~3mm;也可用黑色圆点绘制,其直径宜为 1mm。半径、直径、角度及弧长的尺寸起止符号宜用箭头表示(图 2-1-26)。

4. 尺寸数字

图样上的尺寸应以尺寸数字为准,不得从图上直接量取。

图样上的尺寸单位,除标高及总平面以米为单位表示外,其他必须以毫米为单位表示。

尺寸数字的方向,应按图 2-1-27(a)的规定注写。若尺寸数字在 30°斜线区内,宜按图 2-1-27(b)所示的形式注写。

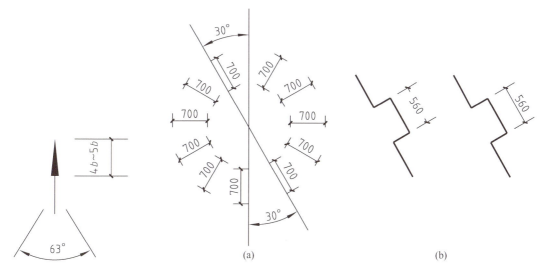

图 2-1-26　箭头尺寸起止符号　　　　图 2-1-27　尺寸数字的注写方向

尺寸数字一般应依据其方向注写在靠近尺寸线的上方中部或尺寸线的中部(图 2-1-28)。如没有足够的注写位置,最外边的尺寸数字可注写在尺寸界线的外侧,中间相邻的尺寸数字可错开注写(图 2-1-28)。

5. 尺寸的排列与布置

(1)尺寸宜标注在图样轮廓以外,不宜与图线、文字及符号等相交(图 2-1-29)。

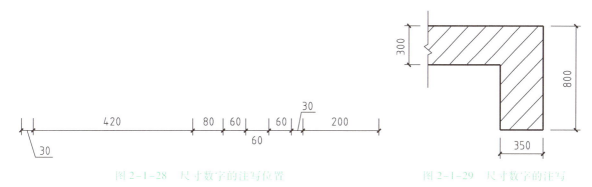

图 2-1-28　尺寸数字的注写位置　　　　图 2-1-29　尺寸数字的注写

(2)互相平行的尺寸线,应从被注写的图样轮廓线由近向远整齐排列,较小尺寸应离轮廓线较近,较大尺寸应离轮廓线较远(图 2-1-30)。

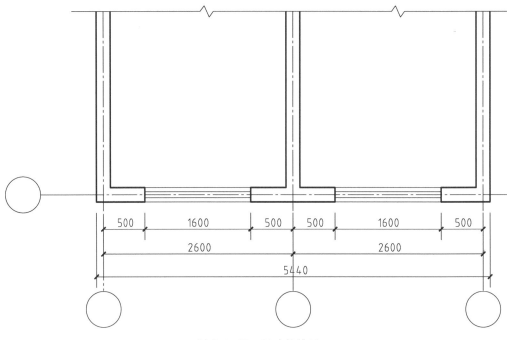

图 2-1-30 尺寸的排列

（3）图样轮廓线以外的尺寸线，距图样最外轮廓之间的距离，不宜小于 10mm。平行排列的尺寸线的间距，宜为 7～10mm，并应保持一致。

（4）总尺寸的尺寸界线应靠近所指部位，中间的分尺寸界线可稍短，但其长度应相等。

（5）尺寸分为总尺寸、定位尺寸、细部尺寸三种。绘图时，应根据设计深度和图纸用途确定所需注写的尺寸。

（6）建筑装饰装修平面图中楼地面、阳台、平台、窗台、地台、家具等处的高度尺寸及标高，宜按下列规定注写。

① 平面图及其详图注写完成面标高。

② 立面图、剖面图及其详图注写完成面标高及高度方向的尺寸。

③ 标注建筑装饰装修平面图各部位的定位尺寸时，注写与其最邻近的轴线间的尺寸；标注建筑装饰装修剖面各部位的定位尺寸时，注写其所在层次内的尺寸。

④ 标注建筑装饰装修图中连续等距重复的构配件等，当不易标明定位尺寸时，可在总尺寸的控制下，定位尺寸不用数值，而用"均分"或"EQ"字样表示，如图 2-1-31 所示。

（7）较小圆弧的半径可按图 2-1-32 所示形式标注。

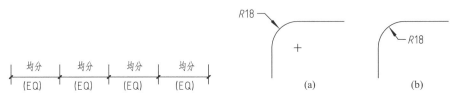

图 2-1-31 不易标明定位尺寸的标注方法　　图 2-1-32 小圆弧半径的标注方法

（8）较大圆弧的半径可按图 2-1-33 所示形式标注。

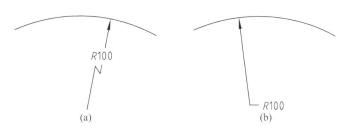

图 2-1-33　大圆弧半径的标注方法

6. 标高

在建筑装饰装修施工图制图中,表示高度的符号称为"标高"。

标高符号应以细实线绘制的直角等腰三角形表示,如图 2-1-34a 所示;如标注位置不够,也可按图 2-1-34b 所示形式绘制。标高符号的具体画法如图 2-1-34c、图 2-1-34d 所示。

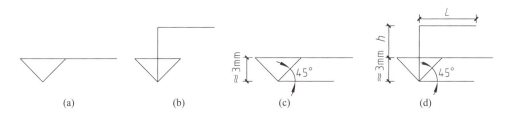

图 2-1-34　标高符号
L—取适当长度注写标高数字;h—根据需要取适当高度

总平面图室外地坪标高符号宜用涂黑的三角形表示(图 2-1-35a),具体画法如图 2-1-35b 所示。

标高符号的尖端应指至被注高度的位置。尖端一般应向下,也可向上。标高数字可注写在标高符号的左侧或右侧(图 2-1-36)。

标高数字应以米为单位,注写到小数点后第三位。在总平面图中,可注写到小数点后第二位。

在建筑装饰装修中宜取本楼层室内装饰地坪完成面为 ±0.000。正数标高不注"+",负数标高应注"-",例如 3.000 、-0.600。

在图样的同一位置需表示几个不同标高时,标高数字可按图 2-1-37 所示的形式注写。

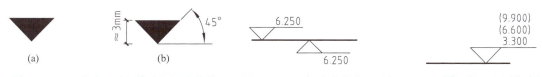

图 2-1-35　总平面图室外地坪标高符号　　图 2-1-36　标高的指向　　图 2-1-37　同一位置注写多个标高数字

室内装饰设计空间的标高符号也可采用如图 2-1-38 所示标高形式。

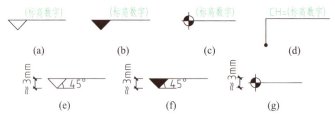

图 2-1-38　标高形式

九、常用建筑装饰施工图图例

常用建筑装饰施工图图例见表 2-1-7 ~ 表 2-1-10。

表 2-1-7　常用建筑材料剖面图例

图例	名称	备注
	石材	各种天然石材(大理石、花岗岩)、人造石材的断面表示方式
	普通砖	包括实心砖、多孔砖、砌块等砌体。断面较窄不易绘出图例线时,可涂黑,并加注说明
	轻质砌块砖	指非承重砖砌体,有别于空心砖,用处更广泛
	轻钢龙骨隔墙	标明材料品种
	饰面砖	包括铺地砖、墙面砖、陶瓷锦砖等
	混凝土	指能承重的混凝土,断面图形小不易画出图例线时,可涂黑
	多孔材料	包括水泥珍珠岩、沥青珍珠岩、泡沫混凝土、非承重加气混凝土、软木、蛭石制品等
	纤维材料	包括矿棉、岩棉、玻璃棉、麻丝、木丝板、纤维板等
	泡沫塑料材料	包括聚苯乙烯、聚乙烯、聚氨酯等多孔聚合物类材料
	密度板	也称纤维板,常用于家具、门板、强化木地板、隔墙等的制作,注明厚度
	木材	1. 上图为横断面,上左图为垫木、木砖或木龙骨。2. 下图为纵断面
	胶合板	12mm 厚度以下,多用于家具的制作和装饰基层处理,应注明厚度和层数
	多层板	15mm 厚度以上,多用于家具的制作和装饰基层处理,应注明厚度和层数
	木工板	俗称细木工板、大芯板,注明厚度
	石膏板	注明厚度、石膏板品种名称,如纸面石膏板、防水石膏板、防火石膏板
	普通玻璃	注明材质、厚度
	木地板	注明材料品种
	钢筋混凝土	能承重的钢筋混凝土,在剖面图上画出钢筋时,不画图例线;断面图小时,可涂黑
	金属	包括各种金属;当图形小时,可涂黑

注:图例中的斜线、短斜线、交叉斜线等均为45°。

表 2-1-8   常用建筑装饰材料平、立面图例

图例	名称	备注
	大理石	注明名称、厚度
	文化石立面	由于文化石种类多样,砌筑方式多变,其立面形态肌理也各不相同
	砖墙立面	无缝砖墙
	砖墙立面	有缝砖墙
	木饰面	包括各种天然或人造板材制成的木饰面板
	木地板	注明材料品种
	地毯	图例可根据实际情况进行调整
	瓷砖	包括瓷砖、马赛克等
	软包	包括织物软包、皮革软包等
	普通玻璃	建筑室内装饰装修设计最常用的材料之一,注明材质、厚度
	夹层玻璃	夹丝玻璃、夹胶玻璃等,注明材质、厚度
	镜面	注明材质、厚度
	液体	注明液体名称

表 2-1-9   插 座 图 例

图例	名称	备注
LEB	局部等电位端子箱	底边距地 0.5m
	强电箱	底边距地 2.0m
	信息配线箱	底边距地 0.5m
	单相二极和三极组合插座(普通、防水)	一般底边距地 0.3m/标注除外
	带开关单相二极和三极组合插座(普通、防水)	一般底边距地 0.3m/标注除外
	单相二极和三极组合地插	地面
AP	(无线)访问接入点	无
TP	墙身电话插座	一般底边距地 0.3m/标注除外
TP	地面电话插座	地面
D	墙身数据插座	一般底边距地 0.3m/标注除外
D	地面数据插座	地面
TD	墙面二眼数据口/电话/网络	一般底边距地 0.3m/标注除外
TD	地面二眼数据口/电话/网络	地面

续表

图例	名称	备注
ⓉⓋ	有线电视信号插座	一般底边距地 0.3m/壁挂电视的底边距地 1.1m
ⓉⓋⓝ	有线电视+网络信号插座	一般底边距地 0.3m/壁挂电视的底边距地 1.1m
ⓈⓋ	卫星电视插座	一般底边距地 0.3m/壁挂电视的底边距地 1.1m

表 2-1-10 开 关 图 例

图例	名称	备注
	单极单控开关（普通、防水）	一般底边距地 1.3m/床头为 0.65m
	单极双控开关（双控、防水）	一般底边距地 1.3m/床头为 0.65m
	双极单控开关（普通、防水）	一般底边距地 1.3m/床头为 0.65m
	双极双控开关（双控、防水）	一般底边距地 1.3m/床头为 0.65m
	三极单控开关（普通、防水）	一般底边距地 1.3m/床头为 0.65m
	三极双控开关（双控、防水）	一般底边距地 1.3m/床头为 0.65m
C	窗帘控制开关	一般底边距地 1.3m
DS	柜门联动开关	安装于家具内
M	主控制开关（插卡取电）	一般底边距地 1.3m
S	声光控自熄开关	一般底边距地 1.3m
W	地暖控制开关	一般底边距地 1.3m
GY	人体感应开关	安装于天花、墙壁、柜内

注：开关类距门框边不得小于 0.15m。

任务实施：装饰施工图制图标准审核

一、任务条件

教师提供一套标准的建筑装饰施工图，包含封面、图纸目录、施工说明、图表和完整的装饰施工图纸，根据需要留出不符合制图标准的问题点。

二、任务要求

● 制图标准审核

根据《房屋建筑制图统一标准》（GB/T 50001—2017）、《房屋建筑室内装饰装修制图标准》（JGJ/T 244—2011），对该套图纸进行制图标准审核，提出存在问题，并给出正确修改意见。完成建筑装饰施工图制图标准审核，见表 2-1-11。

表 2-1-11　完成建筑装饰施工图制图标准审核

任务	建筑装饰施工图制图标准审核
学习领域	建筑装饰制图标准
行动描述	教师给出一套建筑装饰施工图纸,提出施工图审核要求。学生做出审核计划,按照《房屋建筑室内装饰装修制图标准》(JGJ/T 244—2011)进行图纸审核,具体包括图幅、图线、比例、尺寸标注、符号绘制等内容,学生自评,教师点评
工作岗位	设计员、施工员
工作依据	《房屋建筑室内装饰装修制图标准》(JGJ/T 244—2011)
工作方法	1. 分析任务书,识读建筑装饰施工图纸; 2. 完成建筑装饰施工图内容的识读和制图标准的审核; 3. 完成表 2-1-12 所示工作页 2-1(建筑装饰施工图识读)
预期目标	通过实践训练,进一步提高建筑装饰施工图的识读能力,掌握制图标准

表 2-1-12　工作页 2-1(建筑装饰施工图识读)

序号	工作内容	指标	识读内容	存在问题
1	图纸概况	项目名称、设计阶段、设计单位、日期		
2	图表内容	施工设计说明		
		图纸目录		
		装饰材料表		
3	图纸内容	平面图、顶棚平面图、立面图、固定家具图、详图等		
4	图纸表述不清楚、不完整的问题			
5	不符合制图标准的问题			

三、评分标准

建筑装饰施工图识读评分标准见表 2-1-13。

表 2-1-13　建筑装饰施工图识读评分标准(10 分)

序号	评分内容	评分说明	分值
1	图纸概况识读	能识读项目名称、设计阶段、设计单位、日期	1
2	图表内容识读	图表内容识读准确,能进行归类分析	2
3	图纸内容识读	能识读平面图、顶棚平面图、立面图、固定家具图、详图等	2

续表

序号	评分内容	评分说明	分值
4	制图标准问题识读	能识读图幅、比例、线型、线宽、尺寸标注、符号、图例等是否符合标准	2
5	图纸问题点识读	根据图纸具体分析出存在的问题	3

课件
装饰施工图绘制
技巧

微课
装饰施工图绘制
技巧

任务 2.2　建筑装饰施工图绘制前期技术准备

任务目标

　　通过本任务学习,达到以下目标:明确建筑装饰施工图绘制的技术准备内容和要求,掌握成套项目文件夹的设置方法,掌握图层的设置技巧和归纳技巧,能完成样本文件的绘制。

任务描述

● 任务内容

建立建筑装饰工程项目文件夹,并绘制建筑装饰施工图开图文件。

● 实施条件

1. 熟练掌握 AutoCAD 操作命令。

2.《房屋建筑制图统一标准》(GB/T 50001—2017)、《房屋建筑室内装饰装修制图标准》(JGJ/T 244—2011)。

知识准备

2.2.1　建筑装饰工程项目文件夹的建立

　　绘制建筑装饰施工图之前,需要对即将绘制的装饰工程项目有详细的了解,明确需要绘制的装饰施工图图纸内容,并且需要以工程项目为内容,建立成套的项目文件夹。

　　大部分公司都会在制图规范的指导下建立自己公司的图纸绘制体系,这是公司标准化操作的要求,如图 2-2-1 所示。设计项目开始的首要工作就是创建一个新的项目文件夹,它对接下来的项目开展和资料分类起到指导性的约束作用,每个公司对项目文件夹的名称和要求都是不同的,但是都应遵循下列原则。

　　(1) 项目文件夹应尽量精简,如设置过于烦琐,则会影响后期的实际执行情况。

　　(2) 文件夹中的文件命名方式尽量采用"时间+文字说明",文字说明应描述简洁准确,这种方式便于快速查找文件。

　　(3) 文件避免重复存放,压缩文件解压后,删除原压缩文件,这样有利于后期检索文件的快捷性,同时避免过多重复文件占用内存。

　　一级文件夹:包含整个设计项目的各个分类文件夹,如图 2-2-2 所示。

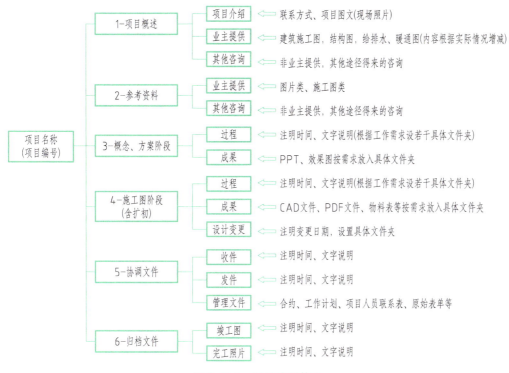

图 2-2-1 图纸绘制体系

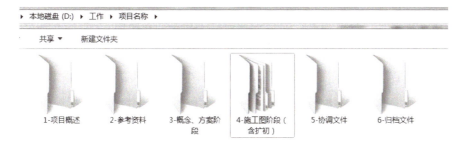

图 2-2-2 一级文件夹

二级文件夹:以"4-施工图阶段(含扩初)"文件夹为例,内部包含设计施工图阶段的各个分类文件夹,文件夹内容可根据情况自行调整,如图 2-2-3 所示。

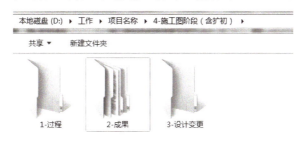

图 2-2-3 二级文件夹

三级文件夹:以"2-成果"文件夹为例,内部包含分类放置的施工图纸、材料表等文件,文件夹内容可根据情况自行调整,如图2-2-4所示。

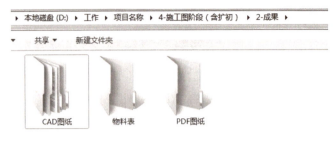

图2-2-4   三级文件夹

四级文件夹:以"CAD图纸"文件夹为例,内部包含室内各楼层的施工图纸,以及绘图时所用的外部参照文件,文件夹内容可根据情况自行调整,如图2-2-5所示。

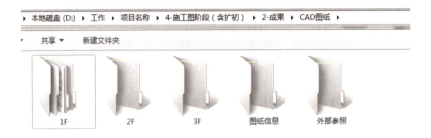

图2-2-5   四级文件夹

五级文件夹:以"1F"文件夹为例,内部包含1层平面系统图、立面系统图及节点大样图,文件夹内容可根据情况自行调整,如图2-2-6所示。

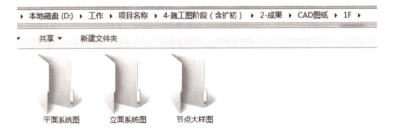

图2-2-6   五级文件夹

工作文件夹作为项目文件夹里重要的子文件,应该符合公司的制图和出图要求,根据不同项目的具体情况进行调整。绘制施工图时,应始终在相对应的工作文件夹内部进行图纸更新,保证文件夹里的图纸是最新的。同时,在进行图纸更新前应进行必要的图纸备份。

2.2.2   建筑装饰施工图绘制技巧

一、图层设置技巧

在用AutoCAD软件进行建筑装饰施工图绘制时,图层的设置和归纳是非常必要的,清晰、严谨的图层设置是绘图的关键步骤,在布局空间中,可以通过针对不同图层的开关,进行合理的布图,呈现出最终的效果。图层命名上通常采用"英文简写+中文描述"的方式,这样可以快速地检索每个类别的图层,有效提高作图的效率。

图层进行分类时,可以采用如下方法。

微课
图层设置技巧

(1)基础图层类。英文简写BS,包括所有的平面类图纸上都需要显示的图层,如原建筑墙体、柱子、消火栓、窗、门套(因为门套在天花图中也会显示)、固定家具(落地到顶)、轴网、轴号等。

(2)室内装饰信息类。英文简写DS,包括除天花图纸不显示,其他平面系统均显示的图层,如楼梯、半高隔断、固定家具(落地不到顶、不落地不到顶)等。

(3)平面类。英文简写FF,包括门、活动家具、灯具、陈设品等。

(4)室内天花类。英文简写RC,包括天花造型、灯具、风口、喷淋、烟感、顶面材料等。

(5)室内地坪类。英文简写FC,包括地面造型、地面材料、地面灯具、地漏等。

(6)室内立面类。英文简写EL,包括立面造型、立面地面完成面、立面陈设品、洁具等。

(7)室内机电信息类。英文简写EM,包括插座、开关、连线等。

(8)室内节点信息类。英文简写DT,包括节点粗线、中粗线、细线、节点地面完成面线、节点墙体线、节点填充等。

(9)显示在布局空间中的图层。英文简写SH,包括尺寸标注、文字标注、材料标注等。

常用图层设置如表2-2-1所示。

表2-2-1　常用图层设置

类别	图层名称	颜色	线型	线宽/mm	应用
基础图层类（BS）	BS-柱	5	Coutinous	0.35	剪力墙、建筑柱
	BS-墙	7	Coutinous	0.3	普通墙体
	BS-完成面	1	Coutinous	0.13	装饰完成面
	BS-窗	3	Coutinous	0.18	原建筑窗
	BS-门套	60	Coutinous	0.13	门套
	BS-固定家具（落地到顶）	40	Coutinous	0.18	固定家具（落地到顶）
	BS-固定家具（不落地到顶）	40	Dashed	0.18	固定家具（不落地到顶）
	BS-消火栓	1	Coutinous	0.13	消火栓
	BS-防火卷帘	1	Coutinous	0.13	防火卷帘
	BS-常规填充	8	Coutinous	0.1	新建墙体填充
	BS-深灰填充	252	Coutinous	0.1	剪力墙、柱、结构墙内填充
	BS-浅灰填充	254	Coutinous	0.1	非设计区域实体填充
	BS-尺寸标注	3	Coutinous	0.13	平面系统的尺寸标注

类别	图层名称	颜色	线型	线宽/mm	应用
室内装饰信息类（DS）	DS-楼梯	100	Coutinous	0.18	楼梯、自动扶梯、飘窗
	DS-半高隔断	130	Coutinous	0.13	不到顶隔断、栏杆、地面高差
	DS-固定家具（落地不到顶）	40	Coutinous	0.18	固定家具（落地不到顶）
	DS-洁具、配件	35	Coutinous	0.13	台盆、花洒、坐便器、龙头
	DS-固定家具（不落地不到顶）	40	Dashed	0.18	固定家具（不落地不到顶）
	DS-常规填充	8	Coutinous	0.1	常规填充
	DS-浅灰填充	254	Coutinous	0.1	浅灰填充
平面类图层（FF）	FF-门	60	Coutinous	0.13	门扇
	FF-活动物品	50	Coutinous	0.18	活动家具、活动地毯、电器、陈设品等
	FF-灯具	240	Coutinous	0.13	落地灯、壁灯
		240	Dashdot	0.13	家具灯带
	FF-常规填充	8	Coutinous	0.1	常规填充
	FF-浅灰填充	254	Coutinous	0.1	浅灰填充
室内地坪类图层（FC）	FC-地面分割细线	23	Coutinous	0.15	地面造型分割细线
	FC-地面分割粗线	8	Coutinous	0.1	地面造型分割粗线
	FC-地面材料填充	254	Coutinous	0.1	地面装饰材料
室内天花类图层（RC）	RC-造型	30	Coutinous	0.13	天花造型线
	RC-灯具	20	Coutinous	0.13	灯具、吊扇等
		20	Dashed	0.13	灯带
	RC-风口	130	Coutinous	0.13	空调风口、检修口
	RC-烟感	190	Coutinous	0.13	烟感
	RC-喷淋	150	Coutinous	0.13	喷淋
	RC-顶面材料填充	254	Coutinous	0.1	顶面装饰材料
室内立面类（EL）	EL-立面造型细线	160	Coutinous	0.1	造型细线
	EL-立面造型中线	35	Coutinous	0.13	造型常规性
	EL-立面造型粗线	40	Coutinous	0.18	立面轮廓线
	EL-立面家具	50	Coutinous	0.18	活动家具、窗帘、电器、陈设品
	EL-立面装饰材料	254	Coutinous	0.1	立面装饰材料
室内节点信息类（DT）	DT-细线	60	Coutinous	0.13	节点细线
	DT-中线	50	Coutinous	0.18	节点中线
	DT-粗线	2	Coutinous	0.25	节点粗线
	DT-填充	254	Coutinous	0.1	材料填充

续表

类别	图层名称	颜色	线型	线宽/mm	应用
室内机电信息类图层（EM）	EM-插座	65	Coutinous	0.13	插座
	EM-开关	100	Coutinous	0.18	开关
	EM-连线	110	Dash	0.13	灯具回路连线
显示在布局空间中的图层（SH）	SH-尺寸标注	3	Coutinous	0.13	尺寸标注
	SH-文字标注	60	Coutinous	0.13	文字注释
	SH-符号标注	60	Coutinous	0.13	索引、剖切、材料标注、标高等
	SH-外部参照	7	Coutinous	0.3	外部参照

注：图层名称、颜色、线型、线宽等均可根据实际要求进行调整，以上仅为参考。

二、开图文件——样板文件的设置技巧

在用 AutoCAD 绘制建筑装饰施工图时，可根据公司的具体要求创建出统一的初始绘图环境，创建样板文件，也被称为开图文件。在绘制新的图纸时，可以直接选择在开图文件的基础上绘制，这样可以减少重复设置绘图环境的时间，提高工作效率，同时还可以保证设计项目图纸的标准性和统一性。

在 CAD 中，通常把开图文件设置为".dwt"后缀的格式，可以在 CAD 系统里直接创建。开图文件里包含项目图纸中所涉及的所有图层，还可以设置图框、常用符号和打印样式等。

具体设置方法如下：

打开 AutoCAD 软件，单击菜单栏里的"文件"→"新建"选项，选择"样板文件"里的"acad.dwt"文件，这是 AutoCAD 系统自带的样板文件，里面没有任何内容，可以选择在这个样板文件的基础上绘制适合的开图文件，如图 2-2-7 所示。

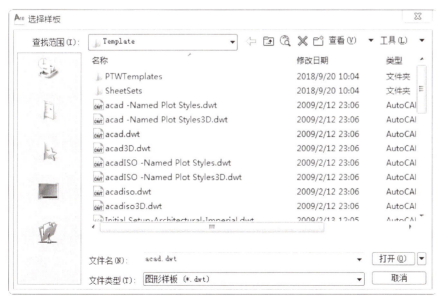

图 2-2-7　新建样板文件

在打开的文件里,设置需要的图层,调整色号和线型,如图 2-2-8 所示。

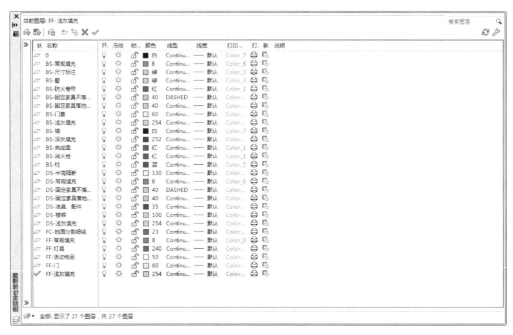

图 2-2-8   图层设置

在打开的文件里,还可设置常用的文字样式、标注样式等。

开图文件的内容全部设置好后,点击菜单栏的"文件"→"另存为"按钮,在文件类型中选择"dwt"格式,并将之命名为"开图文件",单击"保存"按钮。这样在下次绘图时,直接选择打开"开图文件"即可,如图 2-2-9 所示。

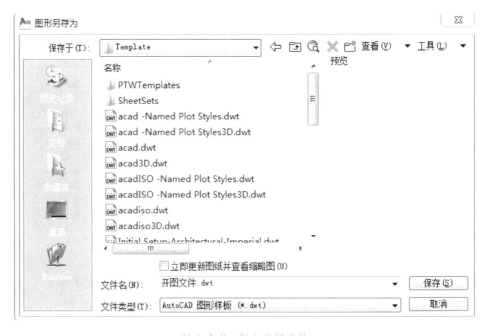

图 2-2-9   保存开图文件

三、绘图经典模式绘制技巧

AutoCAD 软件从 2015 版后,就没有传统的绘图经典模式了,但是很多绘图员已经习惯了经典模式,下面介绍一个调整 AutoCAD 软件经典模式的小技巧。

用鼠标左键单击菜单栏里"工具"下拉菜单,单击选项板里的"功能区"选项,使之关闭。

用鼠标左键单击菜单栏里的"工具"下拉菜单,选择"工具栏"选项,在工具栏面板里勾选出需要的工具名称。

单击右下角齿轮图标的"切换工作空间"按钮,单击将当前空间另存为"AutoCAD 经典模式",这样在下次打开 AutoCAD 时,直接切换空间就可以调出经典模式的界面了。

四、工具选项面板设置技巧

在用 AutoCAD 软件绘图时,应对其工具选项面板的设置有所了解。

1. 如何更改绘图区颜色

用鼠标左键单击菜单栏里的"工具"下拉菜单,在弹出的面板最下方单击"选项"按钮,便可弹出 AutoCAD 的"选项"对话框,单击"显示"→"颜色"按钮,弹出"图形窗口颜色"对话框,选择适合的颜色,单击"应用并关闭"按钮,这样就可以更改绘图区的颜色了,如图 2-2-10 所示。

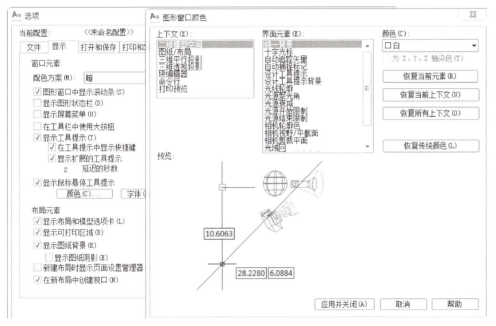

图 2-2-10　更改绘图区颜色

2. 如何设置自动保存

在用 AutoCAD 软件画图时,一定要养成随手保存的好习惯,AutoCAD 本身还具备了自动保存的功能,同样在"选项"对话框中,单击"打开和保存"选项卡,在"文件安全措施"选项组中,勾选"自动保存"复选框,并设置自动保存的分钟数,一般情况下,设置时间为 8 ~ 10min 即可,如图 2-2-11 所示。

图 2-2-11　设置自动保存

任务实施：装饰施工图绘制前期技术准备

一、任务条件

教师提供一套居住空间建筑装饰工程项目案例，包括客厅、餐厅、卧室、厨房、卫生间等不同空间的效果图图片，从图片上可以看出室内墙面、顶面、地面的装饰材料及构造特征。

二、任务要求

建立建筑装饰工程项目文件夹，并绘制建筑装饰施工图开图文件。

本任务的实施，是为后续绘制居住空间建筑装饰施工图深化设计提供前期的准备工作。根据所给建筑装饰工程项目案例，分析建筑装饰施工图纸的绘制内容，完成表2-2-2 的内容。

表 2-2-2　建筑装饰施工图绘制前期技术准备

任务	装饰施工图绘制前期技术准备
学习领域	建筑装饰施工图绘制技术准备、建筑装饰施工图绘制技巧
行动描述	教师给出一套居住空间建筑装饰工程项目案例，提出绘制建筑装饰施工图前期应该准备的内容。学生根据要求，完成装饰施工图绘制的前期技术准备
工作岗位	绘图员、设计员

续表

工作依据	《房屋建筑室内装饰装修制图标准》(JGJ/T 244—2011)
工作方法	1. 分析任务书； 2. 完成装饰工程项目文件夹的设置，完成装饰施工图开图文件的制作； 3. 完成表 2-2-3 所示工作页 2-2(装饰施工图绘制前期技术准备)
预期目标	通过实践训练，掌握装饰施工图绘制的前期准备工作

表 2-2-3　工作页 2-2(装饰施工图绘制前期技术准备)

序号	工作内容	指标	注意事项	存在问题
1	项目文件夹设置	项目概括	需分级设置 命名采用"时间+文字说明"	
		参考资料		
		方案阶段		
		施工图阶段		
		协调文件		
		归档文件		
2	绘制开图文件	图层设置	需分类设置图层	
		颜色、线型设置		
		标注样式设置	模型空间按比例设置	
3	打印样式表设置	根据线宽设置打印样式表	线宽、灰度模式设置	
4	保存文件	保存".dwt"后缀的格式		

三、评分标准

装饰施工图绘制前期技术准备评分标准见表 2-2-4。

表 2-2-4　装饰施工图绘制前期技术准备评分标准(10 分)

序号	评分内容	评分说明	分值
1	项目文件夹设置	文件夹分级清晰，文字描述简洁准确	2
2	图层设置	图层设置分类合理，命名准确清晰	2
3	颜色、线型设置	图层颜色对应的线宽设置合理，线型设置准确	2
4	标注样式设置	标注样式的比例准确	2
5	打印样式表设置	根据线宽设置打印样式表，并保存	2

项目拓展实训

在规定时间内抄绘一套符合制图标准的建筑装饰施工图。掌握 AutoCAD 软件绘制施工图的常用操作技巧，提高绘图速度，记录绘图完成时间，纠正绘图坏习惯，严格按照国家制图标准绘图。

习题与思考

1. 建筑装饰施工图绘制需要有依据的标准和规范,根据涉及的专业范围需要包含制图标准、标准图集、施工规范、安全规范等,有哪些国家标准、地方标准和行业标准,请查找出来,在实际工作中,如何参考和依据这些标准和规范?

2. 运用 AutoCAD 绘图技巧绘制建筑装饰施工图有什么收效? 记录绘图中较难操作的问题,查找最佳解决方案。

项目 3

设计方案识读与尺寸复核

想一想:

    1. 开始绘制建筑装饰施工图之前,我们需要做什么?

    2. 怎样才能更高效地绘制施工图呢?

学习目标

    通过项目活动,学生能够做好绘制建筑装饰施工图的准备工作,掌握建筑装饰方案图的识读方法,正确理解建筑装饰方案的设计意图,能理解尺寸复核的必要性,掌握尺寸复核的内容和方法。

项目概述

    识读装饰方案设计文件,了解装饰方案设计立意、分析功能空间布局,识读装饰造型和装饰材料。对应现场进行尺寸复核,掌握测量设备与机具的使用。

任务 3.1　装饰方案设计文件识读

建筑装饰故事
宁波博物馆的装饰艺术

任务目标

    通过本任务学习,达到以下目标:能快速掌握装饰方案设计文件的表达内容和特点,识读装饰方案设计文件方法正确,能正确理解设计立意,能分析设计方案的主要装饰材料、造型设计、色彩和光影设计,能根据项目要求分析方案未表达内容。

课件
装饰方案设计文件识读

微课
装饰方案设计文件
识读

任务描述

• 任务内容

识读一套装饰设计方案图,分析该方案的设计立意、功能布局、空间形态、各界面造型设计、装饰材料选用、色彩设计和光影设计等,分析方案图未表达的内容,形成方案分析报告。

• 实施条件

一套小型空间装饰方案图册,包括设计方案图、效果图等相关资料。

知识准备

3.1.1 装饰方案设计文件的表达内容及特点

装饰方案设计文件与建筑装饰施工图是有区别的,装饰方案设计文件是建筑装饰施工图绘制之前形成的设计文件,需要对方案有必要的说明,以体现设计的基本布局和大致样式,是仅对装饰设计进行说明的文件,用于确定设计方案。

一、方案设计文件内容

(1)设计说明书。

(2)设计图纸,包括设计招标、设计委托或设计合同中规定的平面图、立面图以及透视图等。

(3)主要装饰材料表等。

(4)业主要求提供的工程投资估算(概算)书。

二、方案设计文件的编制顺序

(1)封面:写明项目名称、编制单位(暗标例外)、编制年月。

(2)扉页:较大规模的装饰装修工程设计项目应写明编制单位法定代表人、技术总负责人、项目总负责人的姓名,并经上述人员签署或授权盖章,但在投标(暗标)中应按标书要求对扉页中的有关内容密封或隐藏。

(3)设计文件目录:包括序号、文字文件和图纸名称、文件号、图号、备注、编制日期等。

(4)设计说明书。

(5)设计图纸:一般应包括平面图、顶棚平面图、主要立面图、设计效果图等。

(6)装饰装修材料表(或附材料样板)。

(7)投资估算(概算)书。

三、方案设计说明书

方案设计说明书是方案设计文件的重要组成部分,是对建筑装饰装修工程在总体设计方面的文字叙述,一般简捷明了,重点突出。公共建筑的装饰装修说明一般应包括以下几个方面的内容。

(1)对招标文件、设计委托书或设计合同书的响应。

(2)设计的内容和范围。

(3)工程的基本状况、规模和设计标准。

（4）工程设计中存在的必须解决的关键问题。

（5）设计所采用的主要法规和标准的说明。

（6）主要技术经济指标,包括建筑面积、主要房间面积和数量等。

（7）有关设计图纸的说明。

（8）方案设计的主要特点:包括方案的设计理念和设计方法,装饰装修的特点及效果,关于设计所采用的新技术、新工艺、新设备和新材料的说明,关于防火、环保节能、生态利用以及可持续发展方面的说明等。

（9）方案设计的具体说明。根据实际情况进行说明,但一般包括对建筑室内外空间关系的组织和处理、对主要房间使用功能的设计说明,关于建筑室内外环境的装饰风格及效果说明,关于建筑装饰装修材料的应用和陈设品等配置的分析说明,关于室内交通组织的分析说明,关于防火设计和安全疏散设计的说明,关于无障碍、节能和智能化设计方面的简要说明。对于建筑声学、热工、建筑防护、电磁波屏蔽以及人防地下室等方面有较高要求的建筑,一般简要说明如何配合上述专业的技术。

家装装饰装修设计方案的说明书,一般也包括以上内容,但根据业主要求和实际情况可以酌情增减。

四、方案设计图纸

方案设计图纸是方案设计文件的主要内容。在通常情况下,图纸包括主要楼层和部位的平面图、顶棚(天花)平面图、主要立面图等,但也可根据业主的要求,调节图纸的内容和深度。

五、设计效果图

设计效果图(也称表现图、渲染图等),可与其他设计文件一起编制成册,也可单独装裱,其表现手法不限,内容应能表现建筑装饰装修设计的主要或特殊部位的空间形态和装饰效果,效果图应该注重真实性。图面上一般应标注所表达的建筑空间名称等。通过效果图能了解设计图纸所表达的内容和设计意向。

六、主要装饰材料表

主要装饰材料表的内容一般应有材料名称、规格,或根据招标文件、设计合同的要求提供的相应内容。通过主要材料表了解装饰材料的要求,并根据设计要求调研相应材料规格和一般做法。

七、招标文件或设计合同要求提供的估算(概算)书

通过估算书可了解工程预算,是决定施工深化设计的辅材与选择构造做法的依据。

3.1.2 装饰方案设计文件的识读方法

建筑装饰设计方案是建筑装饰施工图深化设计的基础,正确识读方案图,有助于建筑装饰施工图的正确绘制,使得装饰空间的施工能正确表达设计师的设计意图。

对方案图的识读可以采用读图、分析、资料整理和讨论总结的方法。

建筑装饰设计方案的识读要求如下:

（1）了解该空间的建筑结构、已有设施和设备;

（2）了解设计方案立意;

（3）识读空间布局及类型;

（4）识读设计造型；

（5）识读装饰材料及构造；

（6）分析方案图未表达内容。

3.1.3　装饰方案设计文件立意和识读

一、识读装饰方案设计立意

通过识读设计方案的设计说明和效果图可以了解设计方案的设计风格和设计主题。参照设计说明识读效果图，可以确定设计方案的设计风格倾向，了解设计造型、空间色彩、装饰材料、光度设计的依据，在施工图深化设计的同时，能始终遵循方案设计立意，更好地实现设计师的意图。

分析建筑装饰设计立意时，可以了解方案设计的背景、当地的民俗民风，以及可以延伸的知识单元。设计立意分析如下。

如图3-1-1所示，通过墙面和顶面相同的造型处理手法，墙面和顶面造型设计运用了构成的原理，组成统一性的几何形态，形成售楼处空间的亮点之一。

图 3-1-1　售楼处 VIP 洽谈区

如图3-1-2所示，通过设计成"枫叶"形态的造型墙面做点缀，为的是使餐饮空间设计主题和店名具有统一性，顶棚的照明调整得微微有些发暗，使得这些顶棚造型看起来好像在缓缓地流向深处楼梯的方向。

图 3-1-2　"枫林红了"餐饮空间

如图 3-1-3 所示,养生会所的整体色调偏暖色,服务台造型采用流线型设计,给人一种轻松、舒适的感觉。墙面和顶面采用局部线型灯带的设计,既起到照明的功能,同时也能丰富空间层次。

图 3-1-3　养生会所

如图 3-1-4 所示,弧形的凹凸式墙面饰以花卉图案,华美富丽,营造了宜人的餐饮环境。

图 3-1-4　金水湾酒店餐饮空间

如图 3-1-5 所示,以"树"作为设计元素,采用木纹铝板和家具,不仅增加了空间的童趣,还能使空间更加贴近自然。

二、平面布置图识读

规模较大的建筑装饰方案设计的平面图应完整详细,包括主要楼层的总平面图、各房间的平面布置图等。通过平面布置图应了解以下内容:

图 3-1-5　幼教空间

（1）原建筑图中柱网、承重墙以及需要装饰装修设计的非承重墙、建筑设施、设备；

（2）轴线编号（轴线编号是否与原建筑图一致）、轴线间尺寸及总尺寸；

（3）装饰设计调整过后的所有室内外墙体、门窗、管井、电梯和自动扶梯、楼梯和疏散楼梯、平台和阳台等位置；

（4）房间的名称和主要部位的尺寸，标明楼梯的上下方向；

（5）固定的和可移动的装饰造型、隔断、构件、家具、卫生洁具、照明灯具、陈设以及其他装饰配置和饰品的名称和位置；

（6）门窗、橱柜或其他构件的开启方向和方式；

（7）装饰装修材料的品种和规格、标明装饰装修材料的拼接线和分界线等；

（8）室内外地面设计标高和各楼层的地面设计标高，主要包括平台、台阶、固定台面等有高差处的设计标高；

（9）索引符号、编号、指北针（位于首层总平面中）、图纸名称和制图比例；

（10）其他。

三、顶棚装饰设计图识读

（1）一般应与平面图的形状、大小、尺寸等相对应。

（2）柱网和承重墙、轴线和轴线编号、轴线间尺寸和总尺寸。

（3）装饰设计调整过后的所有室内外墙体、管井、电梯和自动扶梯、楼梯和疏散楼梯、雨棚和天窗等的位置，必要部位的名称及主要尺寸。

（4）照明灯具、防火卷帘、装饰造型以及顶棚（天花）上其他装饰配置和饰品的位置及主要尺寸。

（5）顶棚（天花）的主要装饰材料、材料的拼接线和分界线等。

（6）顶棚（天花）包括凹凸造型、顶棚（天花）各位置的设计标高。

（7）索引符号、编号、图纸名称和制图比例。

（8）其他。

四、立面装饰设计图识读

方案设计图纸应包括重要空间和主要方位的立面图，应比较准确地反映设计意图和效果。

通过立面图应了解：

（1）立面范围内的轴线和轴线编号，立面两端轴线之间的尺寸；

（2）需要设计的立面，装饰完成面的地面线和装饰完成面的顶棚（天花）及其造型线，装饰完成面的净高和楼层的层高；

（3）墙面和柱面的装饰造型、固定隔断、固定家具、门窗、栏杆、台阶等立面形状和位置，清楚主要部位的定位尺寸；

（4）设计部分立面装饰装修材料的品种和规格，装饰装修材料的拼接线和分界线等；

（5）索引符号、编号、图纸名称和制图比例。

（6）其他。

五、分析方案图未表达内容

装饰方案设计文件属于投标前文件，主要表达建筑室内外空间的设计立意、设计造型、主要的装饰材料、灯光设计、陈设设计等，一般不包括详细的尺寸定位、构造详图、详细图表等内容，图纸的内容和深度还不能指导施工。在方案图识读时就需要分析方案图未表达的内容，确定后以便在下一步图纸深化过程中详细表达。

任务实施：装饰方案设计文件的识读

一、任务条件

已知某餐厅设计方案如图3-1-6、图3-1-7所示。

图3-1-6 某餐厅设计方案效果图

二、任务要求

（1）根据某餐厅方案设计文件，分析设计立意，填写表3-1-1所示工作页3-1（设计立意分析表）。

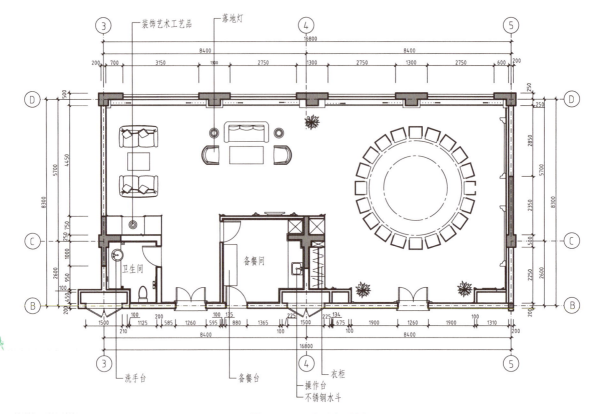

图 3-1-7　平面布置图

表 3-1-1　工作页 3-1(设计立意分析表)

分析项目	指标	分析内容(可图文并茂)
设计风格	明确方案的设计风格,将有助于选材、色彩和做法的确定	
平面布局和地面铺装	明确空间类型、平面布局、家具尺度,明确地面材料和铺装方式	
顶棚造型和灯具设备	分析顶棚造型、材料、构造做法,明确灯具和设备	
立面造型	分析立面造型、材料和构造做法	

（2）根据某餐厅方案设计文件,整理相关设计资料,填写表 3-1-2～表 3-1-4。

表 3-1-2　工作页 3-2(主要材料分析表)

项次	项目	材料	规格	构造做法(绘图)
1	地面			
2	顶棚			
3	墙面			

表 3-1-3　工作页 3-3(照明分析表)

序号	灯具	规格	照明描述	品牌
1				
2				
3				
4				

表 3-1-4　工作页 3-4(家具陈设设备分析表)

序号	项目	名称	规格	材料做法或品牌
1	家具			
2	陈设			
3	设备			

三．评分标准

装饰方案设计文件识读评分标准见表 3-1-5。

表 3-1-5　装饰方案设计文件识读评分标准(10 分)

序号	评分内容	评分说明	分值
1	识读装饰方案设计立意	了解设计方案的设计风格和设计主题;参照设计说明识读效果图,确定设计方案的设计风格倾向;了解设计造型、空间色彩、装饰材料、光度设计的依据	3
2	各界面装饰材料分析	包括顶棚、墙面、地面的主要装饰材料,确定一般构造做法	2
3	照明分析	能分析灯具、光源、照明形式,确定规格和数量	2
4	家具陈设设备分析	明确家具、陈设和设备的材料、规格和数量	2
5	分析方案图未表达内容	能准确分析方案图未表达内容	1

任务 3.2　现场尺寸复核

任务目标

通过本任务学习,达到以下目标:能根据实际的装饰项目设计方案图,到装修现场进行尺寸复核;熟悉常用的测量工具,并能熟练使用测量工具,掌握现场尺寸复核的内容和要求,能够根据项目内容和施工要求正确测量建筑空间,精确完成尺寸复核,修正尺寸

● 任务内容

1. 了解测量工具及其使用方法。
2. 了解尺寸复核内容。
3. 对建筑空间进行尺寸复核。
4. 对建筑细部结构进行尺寸复核。
5. 对水暖电设备尺寸进行复核。

● 实施条件

实际的装饰施工现场。

知识准备

课件
尺寸复核

微课
尺寸复核

3.2.1　测量工具及其使用

在建筑装饰工程设计与绘图过程中,测量工作是必不可少的,应该包括对建筑物的勘察和测量、装饰造型的放样等方面的内容,在装饰施工图深化设计中,同样需要各方面的测绘工作,主要是对已有方案图与施工现场对照,进行尺寸的复核,精确掌握建筑空间的各类尺寸,才能进行科学有效的深化设计和绘图。

在进行工程测量时,设计人员应会使用各种测量工具,主要的测量工具有水准仪、光学经纬仪、全站仪、钢尺、手持式激光测距仪、激光投线仪、水平尺、靠尺、楔形塞尺等。

一、水准仪

水准仪是测量两点间高差的仪器,由望远镜、水准器(或补偿器)和基座等部件组成。按构造分为定镜水准仪、转镜水准仪、微倾水准仪、自动安平水准仪。水准仪广泛用于控制、地形和施工放样等测量工作。

中国水准仪的系列标准有 DS05、DS1、DS3、DS10、DS20 等型号("DS"表示"大地测量水准仪","05、1、3…"分别为该类仪器以毫米为单位表示的每公里水准测量高差中数的偶然中误差)。

水准仪是适用于水准测量的仪器,目前我国水准仪是按仪器所能达到的每千米往返测高差中数的偶然中误差这一精度指标划分的,共分为 4 个等级。水准仪型号都以 DS 开头,分别为"大地测量"和"水准仪"的汉语拼音第一个字母,通常书写省略字母 D。其后"05""1""3""10"等数字表示该仪器的精度。S3 级(图 3-2-1)和 S10 级水准仪又称为普通水准仪,用于国家三、四等水准及普通水准测量,S05 级和 S1 级水准仪称为精密水准仪,用于国家一、二等精密水准测量(表 3-2-1)。

二、光学经纬仪

光学经纬仪是一种测量角度的仪器,按其精度分为 DJ07、DJ1、DJ2、DJ6、DJ15 等几种。经纬仪一般包括基座、水平度盘和照准部三大部分,由于各种型号不一样,其外形、螺旋的形状和位置各不相同。图 3-2-2 为 DJ6 型光学经纬仪。

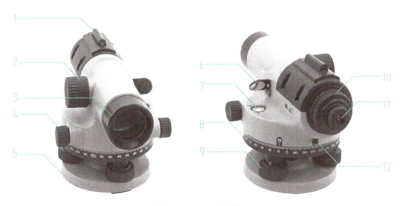

图 3-2-1 水准仪

1-光学粗瞄准;2-调焦手轮;3-物镜;4-水平循环微动手轮;5-球面基座;6-水泡观察器;
7-圆水泡;8-度盘;9-脚螺丝手轮;10-目镜罩;11-目镜;12-度盘指示牌

表 3-2-1 水准仪比较

水准仪型号	DS05	DS1	DS3	DS10
千米往返高差中数偶然中误差/mm	≤0.5	≤1	≤3	≤10
主要用途	国家一等水准测量及地震监测	国家二等水准测量及精密水准测量	国家三、四等水准测量及一般工程水准测量	一般工程水准测量

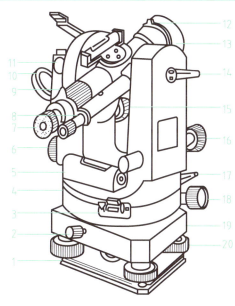

图 3-2-2 DJ6 型光学经纬仪

1-三角压板;2-轴套制动螺旋;3-复测扳手;4-水平度盘外罩;5-照准部水准管;6-测微轮;
7-目镜对光螺旋;8-读数显微镜;9-物镜对光螺旋;10-反光镜;11-竖盘指标水准管;12-准星;
13-物镜;14-望远镜制动螺旋;15-竖盘指标水准管微动螺旋;16-望远镜微动螺旋;
17-水平方向制动螺旋;18-水平方向微动螺旋;19-基座;20-脚螺旋

三、全站仪

全站型电子速测仪简称全站仪,它是一种可以同时进行角度(水平角、竖直角)测量、距离(斜距、平距、高差)测量和数据处理,由机械、光学、电子元件组合而成的测量仪器。由于只需一次安置仪器便可以完成所有的测量工作,故被称为"全站仪",如图3-2-3所示。

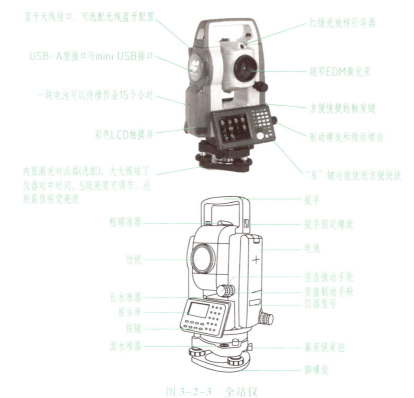

蓝牙天线接口,可选配无线蓝牙配置

USB-A型接口与mini USB接口

一块电池可以持续作业15个小时

彩色LCD触摸屏

内置激光对点器(选配),大大缩短了仪器对中时间。5级亮度可调节,达到最佳视觉亮度

红绿光放样引导器

超窄EDM激光束

方便快捷的触发键

制动螺旋和微动螺旋

"星"键功能使用方便快捷

粗瞄准器

物镜

长水准器

显示屏

按键

圆水准器

提手

提手固定螺旋

电池

竖盘微动手轮

竖盘制动手轮

仪器型号

基座锁紧钮

脚螺旋

图 3-2-3   全站仪

全站仪由电子经纬仪、电磁波测距仪、微型计算机、程序模块、存储器和自动记录装置组成。

四、钢尺

钢尺(图3-2-4)是直接量距法的主要工具,又称钢卷尺,长度有 5m、10m、20m、30m、50m 几种。其基本单位有厘米和毫米两种,在每分米和每米的分划线处有相应的标记。由于尺上零点位置的不同,有端点尺和刻线尺之分。钢尺体积小,重量轻,尺身可收卷到尺盒中,可随身携带,使用方便,是工程人员必备的常用尺量工具。

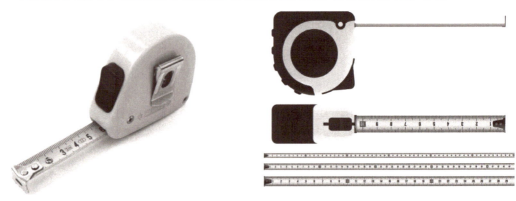

图 3-2-4   钢尺

钢尺测量较短距离的尺寸时,将尺头勾住或对准对象的端部,顺势拉出尺身至测量的另一端读数。当测量较长尺寸时,将尺头勾住或对准对象的端部,左手按住尺身,右手顺势拉出尺身至测量的另一端读数。当测量房间高度方向的尺寸时,应拉出足够的尺身,将尺头沿墙面平稳地送向顶部,然后用左手按住尺身,右手继续拉出尺身,并用脚将尺身压至地面读数。

五、手持式激光测距仪

手持式激光测距仪是利用激光对目标的距离进行准确测定的仪器,如图 3-2-5 所示。激光测距仪的工作原理是在工作时向目标射出一束很细的激光,由光电元件接收目标反射的激光束,计时器测定激光束从发射到接收的时间,计算出从观测者到目标的距离。

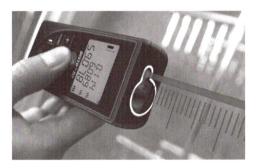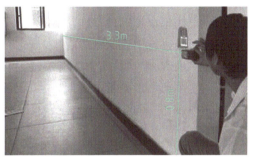

图 3-2-5　手持式激光测距仪

手持式激光测距仪在顶棚装饰工程中主要用于空间内距离的测量,提升顶棚施工图绘制尺寸的准确性。仪器在测量前需选择好单位,可以通过测距仪目镜中的"内部液晶显示屏"瞄准被测物体,注意手不要抖动,这样可以减小误差,测量结果会更准确。

六、激光投线仪

激光投线仪是装饰装修工程现场测量、放线和检查的现代化工具。例如激光投线仪在顶棚装饰工程中可用于基础找平线与造型线的定位,如图 3-2-6 所示。

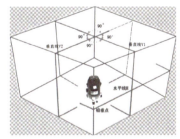

图 3-2-6　激光投线仪

使用要求如下。

(1)粗调平。仪器平置于光滑区域,调整到仪器顶部水泡在线内方可进行自动找平工作。

(2)线调节。顺时针方向转动开关旋钮(或按 ON/OFF 键),打开仪器,仪器顶端绿色指示灯亮起,同时发出激光束。通过顶部调节按钮来调试所需的水平与垂直光线,H 键控制水平线,V 键控制垂直线。

空间内如需收集其他界面信息,只需要通过转动仪器,使激光束指向工作目标,从而完成空间其他界面的找平工作。

七、水平尺

水平尺是利用液面水平的原理,以水准泡直接显示角位移,测量被测表面相对水平位置、铅垂位置、倾斜位置偏离程度的一种计量器具。水平尺既能用于短距离测量,又能用于远距离的测量,也可解决现有水平仪只能在开阔地测量,狭窄地方测量难的缺点,且测量精确,造价低,携带方便,经济适用。

水平尺主要用来检测或测量水平和垂直度,分为铝合金方管型、工字型、压铸型、塑料型、异形等;长度为 10~250cm 等多种规格;水平尺材料的平直度和水准泡质量决定了水平尺的精确性和稳定性。

使用时应进行细致测量与观察。水平尺上有 3 个玻璃管,每个玻璃管里都有一个气泡称为水准泡,水平尺两侧为防震端,当水准泡在中间时表示平面是水平状态。中间横向的水准泡用来测量水平面,左边竖着的水准泡用来测量垂直面,右边斜着的水准泡用来测量 45°斜面,如图 3-2-7 所示。

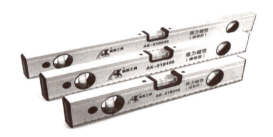
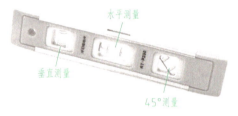

图 3-2-7　水平尺

八、靠尺

靠尺也称垂直检测尺,是检测墙面、天棚、地面的垂直度、平整度及水平度偏差的综合检测仪器,如图 3-2-8 所示。规格为 2000mm×55mm×25mm 测量范围为 ±14/2000 精度,误差 0.5mm。检测尺为可展式结构,合拢长 1m,展开长 2m。

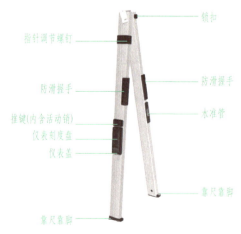
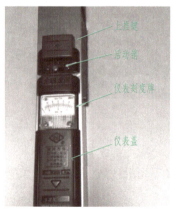

图 3-2-8　靠尺

用于1m检测时,推下仪表盖。活动销推键向上推,将检测尺左侧面靠紧被测面(操作时握尺要垂直,观察红色活动销外露3～5mm,指针摆动灵活即可),待指针自行摆动停止时,读取指针所指刻度下行刻度数值,此数值即被测面1m垂直度偏差,每格为1mm。

用于2m检测时,将检测尺展开后锁紧连接扣,检测方法和1m检测相同,读取指针所指上行刻度数值,此数值即被测面2m垂直度偏差,每格为1mm。如被测面不平整,可用右侧上下靠脚检测。

九、楔形塞尺

楔形塞尺是一种施工现场测量工具。一般由金属制成,尺身为楔形,一端很薄(像刀刃),另一端厚8mm左右,在其中斜的一面上有刻度。一般与水平尺和靠尺等工程测量尺配合使用,将水平尺放于检测面上,然后用楔形塞尺塞入,以检测水平度、垂直度误差。

使用时,将靠尺放于检查平面上,然后将楔形塞尺塞入尺下缝隙,一定要注意紧密连接,通过刻度上的读数,检测平整度、水平度、缝隙度等,如图3-2-9所示。

图3-2-9 楔形塞尺

3.2.2 尺寸复核内容

建筑装饰工程的尺寸复核是指依据方案图的标注尺寸,对建筑装饰工程现场进行多方面尺寸的复核,确定准确的尺寸,并对装饰施工现场进行勘测,根据建筑结构存在的不利因素和弊端,在下一步的装饰施工图绘制中进行调整和补救,见表3-2-2。

表3-2-2 尺寸复核内容及要求

序号	尺寸复核项目	尺寸复核内容	尺寸复核要求
1	建筑空间尺寸	平面、顶面、立面	定形尺寸、定位尺寸、总体尺寸
2	建筑细部结构尺寸	柱、梁、门窗、管道井、楼梯、阳台等	定形尺寸、定位尺寸、总体尺寸
3	水暖电设备尺寸	上下水管、电路、暖通等	定形尺寸、定位尺寸、总体尺寸

一、建筑空间尺寸复核

建筑装饰设计是在已有建筑空间中进行表面装饰和装修,建筑物土建部分施工完成后,难免会出现歪斜、不成直角现象,这时需要尺寸复核后,利用施工技术或者用装饰设计来弥补建筑空间形态的不足。建筑空间的尺寸复核包括房间的基本形状复核，各界面的角度复核，空间的长、宽、高尺寸复核。

二、建筑细部结构尺寸复核

建筑空间由建筑细部构成，满足不同空间功能的需求，形成错综复杂的建筑空间形态。建筑细部结构形态有时是对建筑形态的一种补充，有时却会影响建筑空间的整体效果，因此在建筑装饰设计中常常需要通过多种设计手法来强调或隐藏某些建筑细部结构。建筑细部结构包括柱、梁、门窗、管井、楼梯、阳台、雨篷等部分，建筑细部结构的尺寸复核应包括建筑细部结构本身的基本形状尺寸复核，包括长、宽、高尺寸复核，夹角复核，以及与建筑界面的距离、角度复核。

三、水暖电设备尺寸复核

建筑空间内已有水暖电设备管线铺设及相关洞口预留，这些都需要与建筑装饰部分合理规划，既能保证水暖电设备的使用方便，又能保证建筑空间形态的完整与美观。水暖电设备尺寸复核包括水管的尺寸及与建筑结构的位置尺寸复核，上下水洞口的尺寸和预留位置的详细尺寸复核，暖通设备的尺寸及与建筑结构的位置尺寸复核，电器控制设备的尺寸复核等。

3.2.3　尺寸复核基本要求

一、尺寸复核基本原则

（1）建筑空间的尺寸复核必须遵循"从整体到局部，先控制后碎部"的原则，即首先要建立控制网，然后根据控制网进行碎部测量。控制网是指在测量范围内选择若干有控制意义的控制点，按一定规律和要求组成网状几何图形。控制网分为平面控制网和高程控制网，平面控制测量和高程控制测量统称控制测量。对于已有方案图的建筑室内空间，应首先复核控制网的尺寸。如建筑室内空间的控制网尺寸复核，应首先测量空间的平面控制网，即平面的基本形状和尺寸；测量空间高程控制网，即测量空间高度的尺寸。

（2）合理选择导线点。在测量过程中，将相邻控制点用直线连接而构成的折线称为导线，构成导线的控制点称为导线点。导线测量是建立平面控制网常用的一种方法，它的主要工作就是依次测定各导线边的边长和各转折角。选点时应注意：① 相邻点间通视良好，便于测量。② 点位应选择比较稳定坚实的地方，以便于安置仪器和保持标识点。③ 视野应开阔，便于测量碎部。

（3）控制网尺寸复核工作结束后就可进行碎部尺寸复核。碎部尺寸复核是在原有图纸上确定碎部点，根据控制点来测量控制点与碎部点的水平距离、高差，通过已知方向的角度来复核碎部点的位置尺寸。

二、尺寸复核的基本工作

综上所述，控制网尺寸复核、碎部尺寸复核等，其实质都是为了确定点的位置再进行测量，而要确定地面点的位置离不开测量距离、角度和高差这三项基本工作。

（1）距离测量。距离测量是指测量两标志点之间的水平直线长度，距离测量的方法可分为直接量距法、光学量距法和物理量距法。在这三种距离测量的方法中，使用较为广泛的是钢尺量距和光电测距。

钢尺量距是工程测量中最常用的一种距离测量的方法,按精度要求不同分为一般方法和精密方法两种。一般方法采用钢尺和辅助工具(如标杆、垂球架)等,通过定点、定线、量距和计算等步骤得出两点距离,精度可达到 $1/1000 \sim 1/5000$;精密方法则采用通过鉴定过的钢尺量距和经纬仪定线来测得,其精度可达到 $1/1000 \sim 1/40000$。

光电测距是一种物理测距方法,它通过光电测距仪(如手持式激光测距仪)来测出两点间距离,其优点为精度较高、测距较远、速度较快。

(2)角度测量。角度测量是确定地面点位的基本测量工作之一。角度测量分为水平角测量和竖直角测量两种。水平角是指地面上某点到两目标的方向线在水平面上铅垂投影所形成的角度,用于求算地面点的平面坐标位置;竖直角是指地面一点至目标的方向线与水平视线间的夹角,用于求算两点间高差或将倾斜距离换算成水平距离。常用的角度测量仪器是光学经纬仪和全站仪。

(3)水准测量。水准测量是高程测量最常用的方法,它不是直接测定地面点的高程,而是测出两点间的高差。在地面两点间安置水准仪,观测竖立在两点上的水准标尺,按尺上读数推算两点间的高差。

(4)水平度、垂直度、平整度测量。水平度、垂直度测量常用水平尺检测,平整度常用靠尺检测,楔形塞尺用于检测水平度、垂直度的误差值。也可用激光投线仪观测建筑面的水平度、垂直度和平整度等。

任务实施:室内空间现场尺寸复核

一、任务条件

居室建筑室内空间现场,准备钢尺、手持式激光测距仪、激光投线仪、水平尺、靠尺、楔形塞尺、光学经纬仪、水准仪或全站仪等测量工具和设备。

二、任务要求

1.居室空间现场尺寸复核

根据某居室设计方案图进行现场尺寸复核见表3-2-3。

表3-2-3 根据某居室设计方案图进行现场尺寸复核

任务	完成居室空间尺寸复核
学习领域	现场尺寸复核
行动描述	教师根据居室空间设计方案,提出尺寸复核要求。学生制定尺寸复核方案,按照现场尺寸复核的内容和要求,依据图纸进行尺寸复核,提交尺寸复核说明书。完成后,学生自评,教师点评
工作岗位	设计员、施工员
工作依据	依据深化设计相关规定
工作工具	水准仪、经纬仪、钢尺、手持式激光测距仪、激光投线仪、记录本、笔
工作方法	1.分析任务书,识读设计方案; 2.确定尺寸复核方案,制订复核计划; 3.复核尺寸;

续表

工作方法	4. 分析尺寸变化部分和尺寸缺少部分； 5. 完成尺寸复核说明书； 6. 尺寸复核说明书自审； 7. 检测完成度及结果； 8. 汇报交流
预期目标	通过实践训练，进一步掌握现场尺寸复核的内容和方法

2. 现场尺寸复核流程

（1）进行技术准备。

① 识读设计方案。了解方案设计立意，明确装饰材料、造型设计、尺寸要求。

② 查看现场。对照设计方案图查看现场，了解现场和图纸的对应部分和有出入的部分。

③ 审核设计方案尺寸缺失部分，绘出需详细测量的图纸。

（2）工具、资料准备。

① 工具准备：水准仪、经纬仪、钢尺、手持式激光测距仪、激光投线仪、记录本、笔。

② 资料准备：《测量工具使用手册》。

（3）编写尺寸复核计划。学生按照尺寸复核内容做好资料准备工作。

（4）完成现场尺寸复核。学生按照设计方案图及绘制的测量图，完成尺寸复核内容，形成一套尺寸图。

（5）形成尺寸复核说明书。对照方案设计图和尺寸测量图，分析尺寸有误差和缺失的部分，写出尺寸复核说明书，可以用图文来说明。包括：① 建筑结构尺寸复核；② 建筑细部结构尺寸复核；③ 水暖电尺寸复核。

（6）汇报交流。学生准备尺寸复核说明书文件，进行公开交流。

三、评分标准

尺寸复核评分标准见表3-2-4。

表 3-2-4　尺寸复核评分标准（10分）

序号	评分内容	评分说明	分值
1	测量工具使用	正确使用测量工具和设备，并能做好记录	2
2	复核内容完整	包括建筑结构尺寸复核、建筑细部结构尺寸复核、水暖电尺寸复核	4
3	尺寸复核说明书	尺寸测量图齐全，内容准确，尺寸复核分析合理	2
4	汇报交流	能发现问题、协调解决问题，具有团队合作能力	2

项目拓展实训

将学生分成3人一组，提供有施工现场的小型公共空间的方案设计文本，学生小组合作识读方案设计，分析设计立意、功能布局、造型设计、材料、照明等；测量现场空间,包括建筑结构尺寸复核、建筑细部结构尺寸复核、水暖电尺寸复核,做好尺寸复核记录,分析尺寸有误差和缺失的部分,形成尺寸复核说明书。

习题与思考

1. 识读装饰方案需要具备哪些专业知识?

2. 为什么要进行现场尺寸复核?分析尺寸复核内容与后续施工图绘制工作的相关性。

3. 怎样有计划而高效地完成尺寸复核工作?

项目 4

建筑装饰施工图绘制

想一想：

1. 需要熟悉的制图标准内容已经掌握了吗？
2. 能熟练运用建筑装饰施工图绘制技巧吗？
3. 你知道哪些装饰材料？知道它们的施工工艺吗？
4. 你知道各种装饰造型的构造做法吗？怎么表达出来呢？

学习目标

通过项目活动，学生能够熟知建筑装饰各界面常用建筑装饰材料和装饰构造，掌握建筑装饰施工图绘制的工作程序和步骤，能够正确深化设计，独立完成一套建筑装饰施工图的绘制工作

项目概述

根据一套建筑装饰设计方案图和现场空间具体情况，绘制完成一套建筑装饰施工图。能够理解楼地面、顶棚、墙、柱面和固定家具的建筑装饰材料和构造，掌握装饰施工图绘制的内容及特点，完成楼地面装饰施工图、顶棚装饰施工图、墙、柱面装饰施工图和固定家具装饰施工图和详图，绘制内容正确、完整、标注准确、符合制图标准

建筑装饰故事
中国上古到春秋的
建筑装饰

建筑装饰故事
榫卯结构

动画
平面图的形成

任务 4.1　楼地面装饰施工图绘制

任务目标

通过本任务学习，达到以下目标：明确楼地面装饰施工图需要绘制的内容和绘制

要求,熟悉楼地面装饰的常用材料和装饰构造做法,完成楼地面装饰施工图的深化设计,完成楼地面装饰施工图的绘制。

任务描述

● 任务内容

根据装饰方案图,绘制楼地面装饰施工图。

● 实施条件

1. 装饰效果图和装饰方案图。

2.《房屋建筑制图统一标准》(GB/T 50001—2017)、《房屋建筑室内装饰装修制图标准》(JGJ/T 244—2011)。

知识准备

4.1.1　楼地面装饰施工图概念

楼地面装饰施工图是用于表达建筑物室内、室外楼地面装饰美化要求的图样。它是以装饰方案图为主要依据,采用正投影等投影法反映建筑地面的装饰结构、装饰造型、饰面处理,以及反映家具、陈设、绿化等布置内容。

楼地面装饰平面图是用一个假想的水平剖切平面在窗台略上的位置剖切后,移去上面的部分,向下所作的正投影图。与建筑平面图基本相似,不同之处是在建筑平面图的基础上增加了装饰和陈设的内容。

楼地面装饰施工图包括总平面图、平面布置图、平面尺寸定位图、地面铺装图、平面插座布置图、立面索引图、楼地面详图等。

4.1.2　楼地面装饰材料与构造

楼地面的类型可从材料和构造形式两方面来分类。

根据材料分类主要有水泥类楼地面、陶瓷类楼地面、石材类楼地面、木质类楼地面、软质类楼地面、塑料类楼地面、涂料类楼地面等。

根据构造形式主要有整体式楼地面、板块式楼地面、木(竹)楼地面、软质楼地面等。

一、楼地面常用材料

楼地面装饰材料应具有安全性(即地面使用时的稳定性和安全性,如阻燃、防滑、电绝缘等)、耐久性、舒适性(指行走舒适有弹性、隔声吸音等)、装饰性。

常用的楼地面装饰材料有如下几种。

(1)木质类地面材料:主要指楼地面的表层采用木板或胶合板铺设,经上漆而成的地面。其优点是弹性好、生态舒适、表面光洁、木质纹理自然美观、不老化、易清洁等;同时还具有无毒,无污染,保温,吸声,自重轻,导热性小,自然、温暖、高雅等特点。常用的有实木地板、实木复合地板、强化木地板、竹木地板、防腐地板、软木地板等。

(2)石材:石材在楼地面装饰装修中运用非常普遍。它包括天然石材和人造石材两大类,其特点是强度高、硬度大、耐磨性强、光滑明亮、色泽美观、纹理清晰、施工简便,广泛用于公共建筑空间和住宅空间。天然石材主要包括天然花岗岩、天然大理石及天然青石、板岩等。人造石材主要是以不饱和聚酯、树脂等聚合物或水泥为黏结剂,以天然大理石、碎石、石英砂、石粉等为填充料,经抽空、搅拌、固化、加压成型、表面打磨抛光而制成。

(3)陶瓷地砖:陶瓷地砖用于楼地面装饰已有很久的历史,由于地砖花色品种层出不穷,因而仍然是当今盛行的装饰材料之一。陶瓷地砖坚固耐用,色彩鲜艳,易清洗,防火,耐腐蚀,耐磨,较石材质地轻。陶瓷地砖有彩釉砖、无釉亚光砖、抛光砖三类,其品种有全瓷地砖、玻化地砖、劈离砖、广场砖、仿石砖、陶瓷艺术砖等。

(4)地毯:地毯具有良好的弹性与保温性,极佳的吸声、隔声、减少噪声等功能。地毯按材质可分为羊毛地毯、混纺地毯、化纤地毯。羊毛地毯质地优良,柔软弹性好,美观高贵,但价格昂贵,且易虫蛀霉变。化纤地毯重量轻,耐磨、富有弹性而脚感舒适,色彩鲜艳且价格低于纯毛地毯。地毯按编织工艺可分为手工编织地毯、机织地毯、簇绒地毯。按面层形状分类可分为圈绒地毯、剪绒地毯、圈绒剪绒结合地毯。

(5)抗静电地板:抗静电地板主要应用于计算机房或其他通信机房、电台控制机房等对环境要求较高的场所。按照材料的不同,可以分为钢制防静电地板、陶瓷防静电地板、复合防静电地板、网络地板、PVC防静电地板和直铺式防静电地板。抗静电地板的优点是地板表面不反光、不打滑、耐腐蚀、不起尘、不吸尘、易于清扫、耐磨度高,几乎不受热胀冷缩的影响;缺点是不易安装与拆除、形式单调、噪声大。

二、楼地面装饰构造

1. 水泥类楼地面构造

水泥类楼地面根据配料不同可分为水泥混凝土楼地面、细石混凝土楼地面、现浇水磨石楼地面等。它们都是以水泥为主要原料配以不同的骨料组合而成的,属一般装饰装修构造。水泥混凝土面层由水泥、黄砂和石子混合而成,可以直接铺在夯实的素土上或100mm厚的灰土上,也可以铺在混凝土垫层和钢筋混凝土楼板上,不需要做找平层。细石混凝土面层是先铺一层40mm厚的由水泥、砂、石子配制而成的C20细石混凝土,然后在其表面上撒1∶1水泥和砂随打随拍光而成。现浇水磨石楼地面是在水泥砂浆或混凝土垫层上按设计要求分格、抹水泥石子浆,待凝固硬化后,磨光露出石粒,并经补浆、研磨、打蜡后制成。

2. 陶瓷地面构造

选择地砖要求地砖的规格、品种、颜色必须符合设计要求,抗压抗折强度符合设计规范,表面平整、色泽均匀、尺寸准确,无翘曲、破角、破边等现象。各种地砖的构造技术大同小异,基本相同,陶瓷地砖的地面构造主要包括基层(楼板层或垫层)、找平层、黏结层、面层,详见图4-1-1。铺贴时需注意地面铺设方向,一般入口处用整砖铺设,把需裁切的砖铺贴在家具的下面或不显眼处;还需注意拼花对缝,例如地面和墙面都铺砖时,需考虑地面砖和墙面砖的对缝,地面砖和陶瓷踢脚也需考虑对缝。

3. 石材地面构造

石材铺装,可根据设计的要求以及室内空间的具体尺寸,把石材切割成规则或不规则的几何形状,尺寸可大可小,厚度可薄可厚。石材类地面的铺装一般用干贴法,按照构造做法可以分为现找平铺贴和预找平铺贴。现找平铺贴的做法是采用1:3的干硬性水泥砂浆对地面进行初找平,而后在干硬性水泥砂浆找平层上进行地面石材的铺贴,如图4-1-2所示。预找平铺贴的做法是先用细石混凝土对地面进行找平,然后在平整的地面上,通过胶泥对石材进行铺贴,如图4-1-3所示。石材铺贴后高差不大于1mm。石材在施工中应尽量将4块石材的角部铺贴成同一高度,施工前石材需做六面防护。石材铺贴楼梯时,注意理论尺寸与实际尺寸不一致的情况,要预先进行详细排版,尤其是在平台转角处,要用整块异形石材,避免在转角处用若干小块石材拼贴。

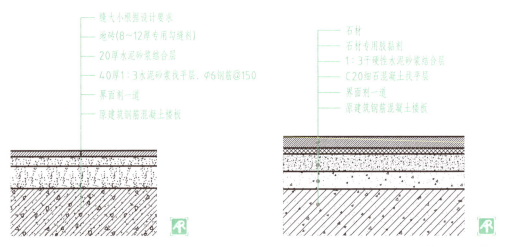

图4-1-1　地砖构造做法　　　　图4-1-2　石材地面"现找平铺贴"构造做法

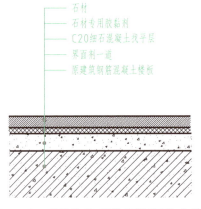

图4-1-3　石材地面"预找平铺贴"构造做法

4. 木质楼地面构造

木质楼地面按构造形式可分为有地垄墙架空木地面和无地垄墙木地面两大类。

(1)有地垄墙架空木地面。有地垄墙架空木地面多用于建筑的底层,它主要是解决设计标高与实际标高相差较大以及防潮问题,同时可以节约木地板下面的空间用于安装、检修管道设备。有地垄墙架空木地面主要由地垄墙、垫木、剪刀撑、木格栅、基层板和面板等组成,如图4-1-4所示。

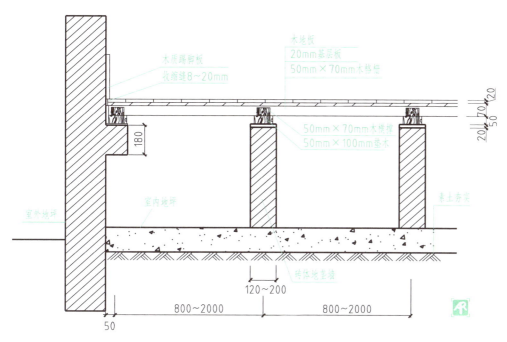

图 4-1-4   有地垄墙架空木地面构造

（2）无地垄墙木地面。无地垄墙木地面主要安装在地面基层平整、防潮性能好的底层及楼层地面，分空铺与实铺两种，如图 4-1-5、图 4-1-6 所示。

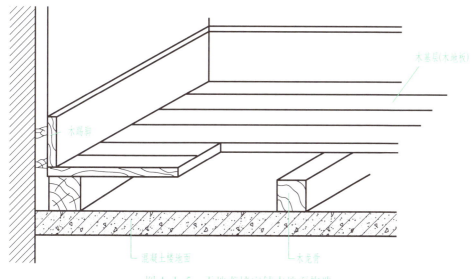

图 4-1-5   无地垄墙空铺木地面构造

目前实木地板常用毛地板架空铺设法，先铺好龙骨，然后在上面铺设毛地板（夹板、大芯板等基层板）与龙骨固定，称为垫底层，起到打底、防潮、使面层均匀受力，再将地板铺设于毛地板之上，防潮能力加强，并使脚感更舒适，如图 4-1-7 所示。

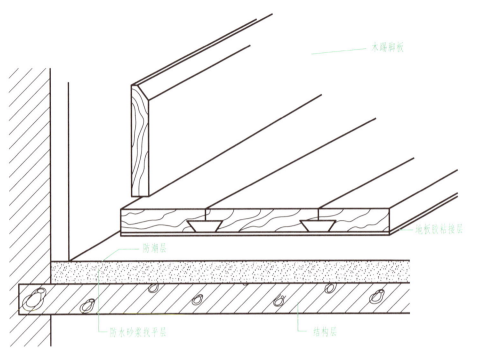

图 4-1-6　无地垄墙实铺木地面构造

　　复合木地板常用悬浮式铺贴法，首先原水泥地面找平，在上面铺设地垫，再将企口型复合木地板铺设其上，铺设过程简单，适用于家居空间及中小型工装空间，如图 4-1-8所示。

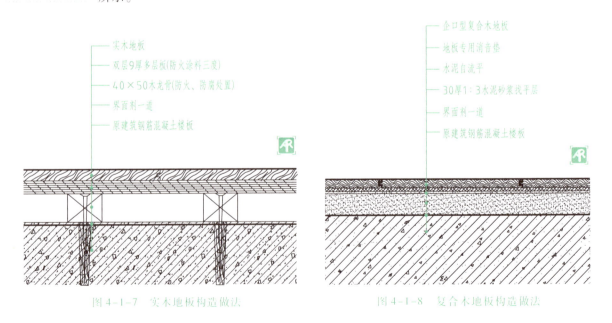

图 4-1-7　实木地板构造做法　　　　　　　　图 4-1-8　复合木地板构造做法

5. 地毯楼地面构造

　　室内装饰装修中，地毯可满铺，也可局部铺设于地面上，铺贴工艺分固定与活动两种。活动式铺贴施工简单方便，易更换，不用任何钉、胶与地面或基层面相固定。固定式铺贴是将地毯舒展拉平以后,用钩挂或胶贴方式与基层固定,如图 4-1-9 所示。

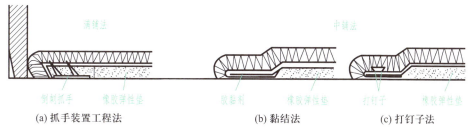

| (a) 抓手装置工程法 | (b) 黏结法 | (c) 打钉子法 |

图 4-1-9　地毯收口及固定方法

6. 不同地面材料拼接构造

不同材质的地面面层在分界处需做好收口处理,可以密拼,也可以嵌入金属条等材料进行收口,使界线分明清晰。不同材质地面面层分隔宜在门框裁口处。

（1）石材与地毯拼接。

石材与地毯拼接构造做法如图 4-1-10 所示。

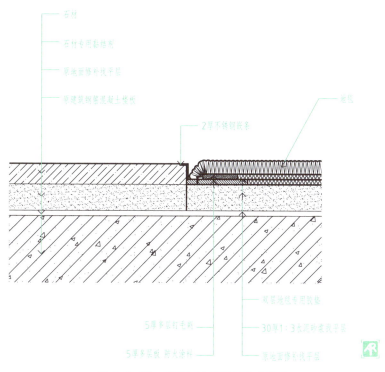

图 4-1-10　石材与地毯拼接构造做法

（2）地砖与木地板拼接。

地砖与木地板拼接构造做法如图 4-1-11 所示。

（3）地砖与淋浴间门槛石拼接。

地砖与淋浴间门槛石拼接构造做法如图 4-1-12 所示。

（4）木地板与地毯拼接。

木地板与地毯拼接构造做法如图 4-1-13 所示。

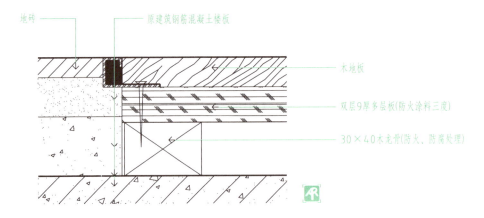

图 4-1-11 地砖与木地板拼接构造做法

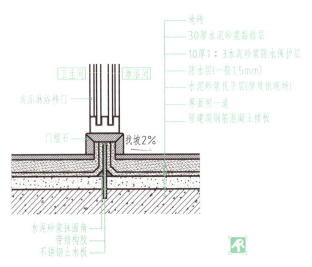

图 4-1-12 地砖与淋浴间门槛石拼接构造做法

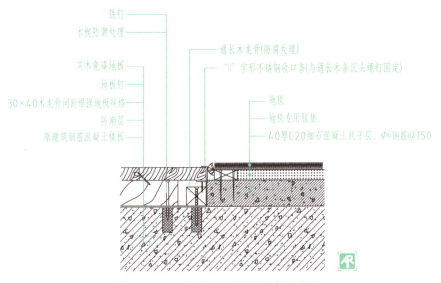

图 4-1-13 木地板与地毯拼接构造做法

（5）木地板与发光灯盒拼接。

木地板与发光灯盒拼接构造做法如图 4-1-14 所示。

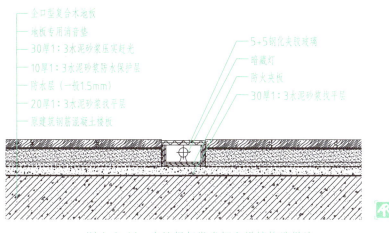

图 4-1-14　木地板与发光灯盒拼接构造做法

（6）地砖不锈钢嵌缝构造。

地砖不锈钢嵌缝构造做法如图 4-1-15 所示。

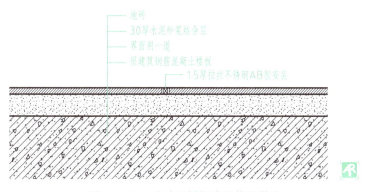

图 4-1-15　地砖不锈钢嵌缝构造做法

4.1.3　楼地面装饰施工图绘制要求和绘制步骤

楼地面装饰施工图是指能完整反映空间楼地面造型及地面高差变化与空间组织、流线分布、家具布置等的装饰施工图。

楼地面平面图需由（最外侧）立面墙体与地界面的交接线开始绘制。

楼地面装饰施工图应包括总平面图、平面布置图、平面尺寸定位图、平面插座布置图、立面索引图、楼地面剖面节点详图。

上述楼地面装饰施工图的内容仅指所需表示的范围，当设计对象较为简易时，根据具体情况可将上述几项内容合并，减少图纸数量。如较简单空间可以把立面索引符号绘制在平面布置图中，立面索引图与平面布置图合并。

课件
楼地面装饰施工图的内容

一、平面布置图

1. 平面布置图绘制要求

（1）表达出剖切线以下的平面空间布置内容及关系。

（2）表达楼地面的布置形式及材料。

（3）表达出楼地面上的隔断、隔墙、固定家具、固定构件、活动家具、植物分布位置、窗帘等相互之间的关系（视具体情况而定）。

（4）表达楼地面地坪高差关系，标注标高。

（5）表达出轴号和轴线尺寸。

（6）以虚线表达出在剖切位置线之上的、需强调的立面内容。

2. 平面布置图绘制步骤（以图4-1-16为例）

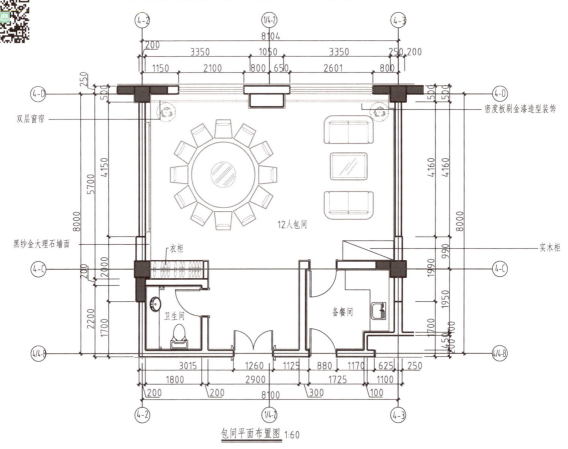

包间平面布置图 1:60

图4-1-16　平面布置图

（1）绘制定位轴线网。

（2）绘制墙体，添加门、窗、楼梯、电梯、阳台等建筑构件。

（3）绘制室内家具陈设、设备、植物等并合理布置。

（4）标注楼地面高差关系（如没有高差可以不标）。

（5）标注轴号和轴线尺寸。

（6）标注房间名称、家具名称。

（7）绘制引线，文字标注装饰材料名称。

（8）标注图名及比例。

二、平面尺寸定位图

1. 平面尺寸定位图绘制要求

（1）表达出剖切线以下的室内空间的造型及关系。

（2）表达出隔墙、隔断、固定构件、固定家具、窗帘等。

（3）详细表达出平面上各装修内容的详细尺寸。

（4）表达出地坪的标高关系。

（5）不表示任何活动家具、灯具、陈设等。

（6）注明轴号及轴线尺寸。

（7）以虚线表达出在剖切位置线之上的、需强调的立面内容。

2. 平面尺寸定位图绘制步骤（以图 4-1-17 为例）

课件
平面尺寸定位图绘
制

微课
平面尺寸定位图绘
制

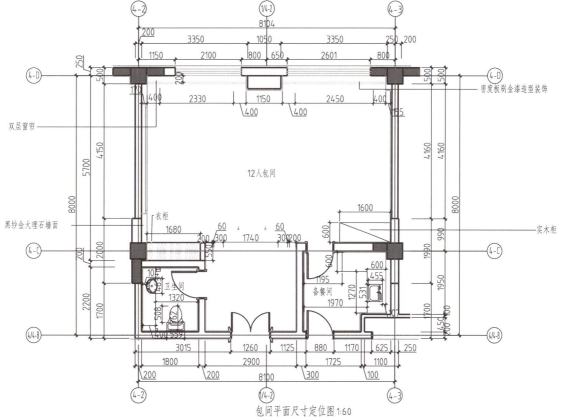

包间平面尺寸定位图 1:60

图 4-1-17　平面尺寸定位图

（1）绘制定位轴线网。

（2）绘制墙体，添加门、窗、楼梯、电梯、阳台等建筑构件。

（3）绘制室内固定家具及设备。

（4）标注楼地面高差关系（如没有高差可以不标）。

（5）标注轴号和轴线尺寸。

（6）标注室内详细尺寸,包括墙面建筑结构和洞口尺寸、固定家具和设备尺寸及与建筑构件之间的尺寸关系。

（7）标注房间名称。

（8）标注图名及比例。

三、地面铺装图

1. 地面铺装图绘制要求

（1）表达出地坪界面的空间内容及关系。

（2）表达楼地面材料的规格、材料编号及施工排版图。

（3）表达出埋地式内容（如地灯、暗藏光源、地插等）。

（4）表达楼地面地坪相接材料的装修节点剖切索引号和地坪落差的节点剖切索引号。

（5）表达出楼地面地坪拼花或大样索引号。

（6）表达出地坪装修所需的构造节点索引号。

（7）注明地坪标高关系。

（8）注明轴号及轴线尺寸。

2. 地面铺装图绘制步骤（以图4-1-18为例）

课件
地面铺装图绘制

微课
地面铺装图绘制

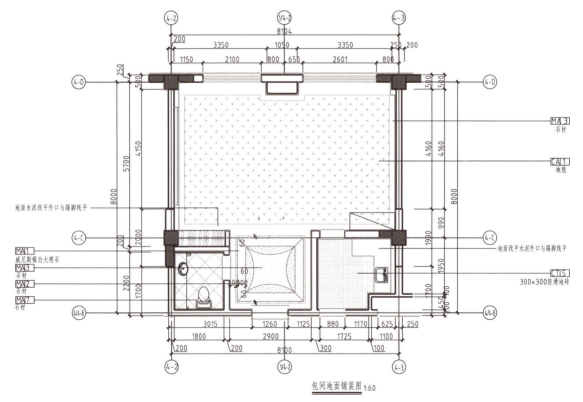

包间地面铺装图 1:60

图4-1-18　地面铺装图

（1）绘制定位轴线网。

（2）绘制墙体，添加门、窗、楼梯、电梯、阳台等建筑构件。

（3）根据设计绘制各房间地面铺装造型，分别绘制出不同装饰材料的图例，严格按照起铺点、实铺规格和铺贴方向绘制。

（4）标注楼地面高差关系（如没有高差可以不标）。

（5）标注轴号和轴线尺寸。

（6）标注房间名称。

（7）绘制引线，标注装饰材料编号和装饰材料名称。

（8）标注图名及比例。

四、平面插座布置图

1. 平面插座布置图绘制要求

（1）表达出剖切线以下的室内空间的造型及关系。

（2）表达出各墙、地面的强/弱电插座的位置及图例。

（3）不表示地坪材料的排版和活动家具、陈设品。

（4）注明地坪标高关系。

（5）注明轴号及轴线尺寸。

（6）表达出插座在本图纸中的图表注释。

2. 平面插座布置图绘制步骤（以图 4-1-19 为例）

课件
平面插座布置图绘制

微课
平面插座布置图绘制

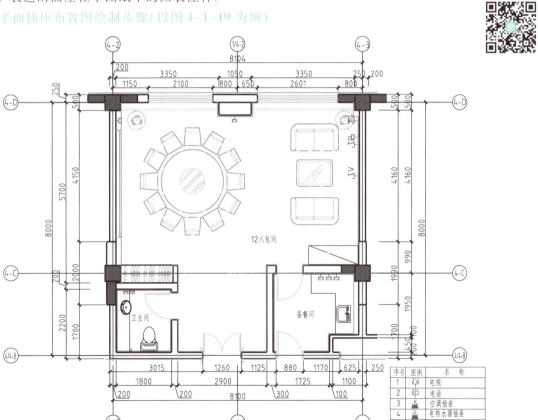

包间平面插座布置图 1:60

图 4-1-19　平面插座布置图

（1）绘制定位轴线网。

（2）绘制墙体,添加门、窗、楼梯、电梯、阳台等建筑构件。

（3）绘制室内固定家具及设备。

（4）标注楼地面高差关系(如没有高差可以不标)。

（5）标注轴号和轴线尺寸。

（6）标注各房间插座、有线电视、网线、电话线等位置。

（7）绘制插座图例表。

（8）标注房间名称。

（9）标注图名及比例。

五、立面索引图

1. 立面索引图绘制要求

（1）表达出剖切线以下的平面空间布置内容及关系。

（2）表达出隔墙、隔断、固定构件、固定家具、窗帘等。

（3）详细表达出各立面的索引号和剖切号,表达出平面中需被索引的详图号。

（4）不表示任何活动家具、灯具和陈设品。

（5）注明地坪标高关系。

（6）注明轴号及轴线尺寸。

2. 立面索引图绘制步骤(以图4-1-20为例)

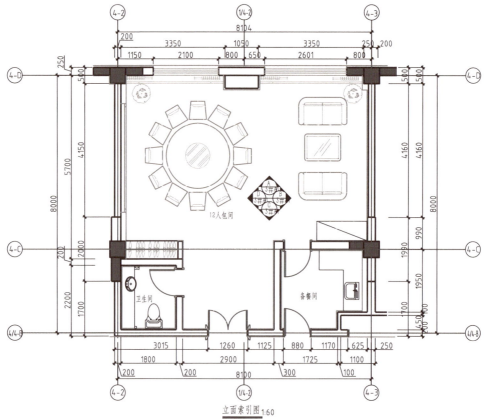

立面索引图 1:60

图4-1-20 立面索引图

（1）绘制定位轴线网。

（2）绘制墙体,添加门、窗、楼梯、电梯、阳台等建筑构件。

（3）绘制室内固定家具及设备。

（4）标注楼地面高差关系(如没有高差可以不标)。

（5）标注轴号和轴线尺寸。

（6）标注各房间立面索引位置和符号。

（7）标注房间名称。

（8）标注图名及比例。

六、楼地面剖面节点详图

较为复杂的楼地面装饰造型需要进一步绘制剖面节点详图以说明其装饰细节和构造做法,标注详细尺寸,如地台、门槛、地面复杂拼花等。首先需确定楼地面装饰造型哪些部位需绘制剖面节点详图,剖面节点详图需确定剖切位置和剖切方向,大样图需确定放大样的部分,一般直接在地面铺装图上绘制剖切或大样索引符号。按照索引符号所示,绘制剖面图、节点图或大样图。

1. 楼地面剖面节点详图绘制要求

（1）详细表达出被切截面从楼板、墙柱结构体至面饰层的施工构造连接方法及相互关系。

（2）表达出紧固件、连接件的具体图形与实际比例尺度(如膨胀螺栓等)。

（3）表达出在投视方向未被剖切到的可见装修内容。

（4）表达出各断面构造内的材料图例、说明及工艺要求。

（5）表达出详细的施工尺寸。

（6）注明详图符号、图名及比例。

2. 楼地面剖面节点详图绘制步骤(以图 4-1-21 为例)

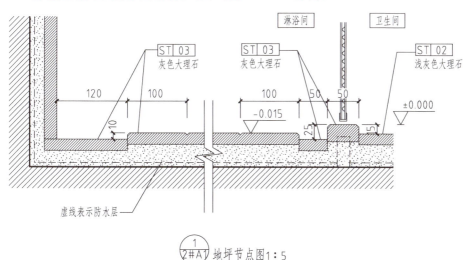

图 4-1-21　楼地面剖面节点详图

（1）绘制楼板、墙体等建筑结构剖面。

（2）按照楼地面的构造顺序绘制防水层、水泥砂浆、大理石(含紧固件)等。

（3）绘制各断面构造内的材料图例。

（4）绘制该部分关联的踢脚线、玻璃门等，表达出与地面的关系。

（5）标注详细施工尺寸、材料及工艺要求。

（6）标注详图符号、图名和比例。

任务实施：楼地面装饰施工图绘制

一、任务条件

给出某空间设计方案效果图或现场照片，如图4-1-22所示的卧室效果图，平面尺寸为5.5m×4.8m，层高3.5m。地面大理石拼花，左侧单扇门入口，左墙为嵌入式电视机柜，正对面为落地窗。

图4-1-22　卧室效果图

二、任务要求

根据卧室的设计方案，绘制平面布置图、平面尺寸定位图、地面铺装图、平面插座布置图、立面索引图、地面节点大样图等。

1. 深化设计能力训练

（1）根据卧室的地面设计方案，调研相关主材与辅材，完成表4-1-1所示工作页4-1（楼地面装饰施工图材料调研表）。

表4-1-1　工作页4-1（楼地面装饰施工图材料调研表）

项次	项目	材料	规格	品牌、性能描述、构造做法	价格
1	龙骨				
2	基层				
3	面层				
4	辅材				

（2）根据卧室的地面铺装方案，设计地面内部构造，画出地面节点大样图。

2. 卧室楼地面装饰施工图绘制

根据卧室楼地面方案设计图完成一套楼地面装饰施工图,见表 4-1-2。

表 4-1-2　根据卧室楼地面方案设计图完成一套楼地面装饰施工图

任务	绘制卧室楼地面装饰施工图
学习领域	楼地面装饰施工图绘制
行动描述	教师给出楼地面设计方案,提出施工图绘制要求。学生做出深化设计方案,按照楼地面装饰施工图绘制的内容和要求,绘制出楼地面装饰施工图,并按照制图标准、图面原则设置。输出施工图后,学生自评,教师点评
工作岗位	设计员、施工员
工作依据	《房屋建筑室内装饰装修制图标准》《内装修——细部构造》《内装修——楼(地)面装修》
工作方法	1. 分析任务书,识读设计方案,调研装饰材料和装饰构造; 2. 确定装饰构造方案,制图方法决策; 3. 制订制图计划; 4. 现场测量,尺寸复核,确定完成面; 5. 完成平面图、地面构造节点大样图; 6. 编制主要材料表,根据项目编制施工说明; 7. 输出楼地面装饰施工图文件; 8. 楼地面装饰施工图自审,检测设计完成度,以及设计结果; 9. 现场施工技术交底,楼地面装饰施工图会审
预期目标	通过实践训练,进一步掌握楼地面装饰施工图的绘制内容和绘制方法

3. 楼地面装饰施工图绘制流程

(1)进行技术准备。

① 识读设计方案。识读楼地面设计方案,了解楼地面方案设计立意,明确楼地面装饰材料、楼地面造型设计、楼地面尺寸要求。

② 现场尺寸复核。根据楼地面图进行尺寸复核,测量现场尺寸,检查楼地面设计方案的实施是否存在问题。

③ 深化设计。根据楼地面设计方案,确定地面造型构造形式,进行龙骨、面层、搭接方式等的深化设计,绘制大样草图。

(2)工具、资料准备。

① 工具准备:记录本、笔、计算机。

② 资料准备:《房屋建筑制图统一标准》(GB/T 50001—2017)、《房屋建筑室内装饰装修制图标准》(JGJ/T 244—2011)、《内装修——楼(地)面装修》(13J 502-3)、《内装修——细部构造》(16J 502-4)。

(3)按照计划绘制楼地面装饰施工图。学生按照绘图计划完成楼地面装饰施工图的绘制。

三、评分标准

楼地面装饰施工图绘制评分标准见表 4-1-3。

表4-1-3　楼地面装饰施工图绘制评分标准(10分)

序号	评分内容	评分说明	分值
1	绘制内容	平面布置图、平面尺寸定位图、地面铺装图、平面插座布置图、立面索引图、地面节点大样图等图纸齐全,内容完整,表达清晰。平面布置合理,家具位置、尺寸合理	4
2	绘制深度	按照比例正确设置界面绘制深度、尺寸标注深度和断面绘制深度	2
3	尺寸与文字	材料有编号,标注齐全,尺寸标注完整,字体、字号统一,尺寸标注样式统一	2
4	制图标准	比例选用合理,线宽、线型正确合理,标高、索引符号表达正确,尺寸标注符合标准,图例选择正确	2

任务4.2　顶棚装饰施工图绘制

任务目标

通过本任务学习,达到以下目标:明确顶棚装饰施工图需要绘制的内容,明确顶棚造型的材料和装饰构造做法,完成顶棚构造的深化设计,掌握顶棚装饰施工图绘制要求,完成顶棚装饰施工图的绘制。

任务描述

● 任务内容

根据装饰方案图,绘制顶棚装饰施工图。

● 实施条件

1. 装饰效果图和装饰方案图。

2.《房屋建筑制图统一标准》(GB/T 50001—2010)、《房屋建筑室内装饰装修制图标准》(JGJ/T 244—2011)。

知识准备

4.2.1　顶棚装饰施工图概念

顶棚装饰施工图是用于表达建筑物室内空间顶部界面装饰美化要求的图样,实质上是楼板层底部的构造装修层,采用的是镜像投影法。顶棚在建筑装饰装修中又称天棚、天花。建筑空间的顶界面可以通过各种材料和构造组成形式各异的界面造型,对空间设计风格的形成和装饰效果的塑造具有重要的作用。随着现代建筑装修要求越来越高,顶棚装修被赋予了新的特殊功能和要求,如保温、隔热、隔音、吸声等,利用天棚装修来调节和改善室内热环境、光环境、声环境,同时又常作为安装各类管线设备的隐蔽层。

顶棚装饰施工图是以图纸形式表达顶棚造型、灯具和设备与顶棚造型的关系及相关的构造做法,顶棚装饰施工图用以指导顶部的装饰施工。顶棚装饰施工图主要包含顶棚(天花)平面图和顶棚造型的节点大样图。顶棚(天花)平面图是指向上仰视的正投影平面图。顶棚平面图需由(最外侧)立面墙体与顶界面的交接线开始绘制,即 A 点至 A 点的剖切位置线,如图 4-2-1 所示。

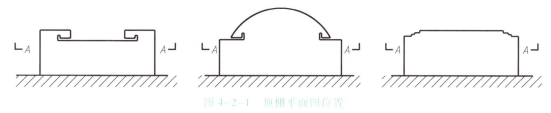

图 4-2-1　顶棚平面图位置

4.2.2　顶棚装饰材料与构造

一、顶棚常用材料

一般情况下,吊顶材料可分为骨架(龙骨)材料和覆面材料两大类。顶棚装饰材料常依据设计方案的造型要求、功能要求和空间限制来选择。

1.骨架材料

骨架材料在建筑室内装饰中主要用于顶棚、墙体(隔墙)、棚架、造型、家具的骨架,起支撑、固定和承重的作用。室内顶棚装修常用骨架材料有木质和金属两大类。

(1)木骨架材料。

木骨架材料分为内藏式木骨架和外露式木骨架。内藏式木骨架隐藏在顶棚内部,起支撑、承重的作用,其表面覆盖有基面或饰面材料。外露式木骨架直接悬吊在楼板或装饰面层上,骨架上没有任何覆面材料,如外露式格栅、棚架、支架及外露式家具骨架,属于结构式顶棚,主要起装饰、美化作用。

(2)金属骨架材料。

金属骨架材料有轻钢龙骨和铝合金龙骨两大类。

① 轻钢龙骨。轻钢龙骨是以镀锌钢板或冷轧钢板经冷弯、滚扎、冲压等工艺制成,根据断面形状可分为 U 形龙骨、C 形龙骨、V 形龙骨、T 形龙骨。

U 形龙骨、T 形龙骨主要用作室内吊顶,又称吊顶龙骨。U 形龙骨有 38、50、60 三种系列,其中 50、60 系列为上人龙骨,38 系列为不上人龙骨。

C 形龙骨主要用于室内隔墙,又叫隔墙龙骨,有 50 和 75 系列。V 形龙骨又叫直卡式 V 形龙骨,是近年来较流行的一种新型吊顶材料。

轻钢龙骨应用范围广,具有自重轻,刚性强度高,防火、防腐性好,安装方便等特点,可装配化施工,适应多种覆面(装饰)材料的安装。

② 铝合金龙骨。铝合金龙骨是铝材通过挤(冲)压技术成型,表面施以烤漆、阳极氧化、喷塑等工艺处理而成,根据其断面形状分为 T 形龙骨、LT 形龙骨。

铝合金龙骨质轻,有较强的抗腐蚀、耐酸碱能力,防火性好,具有加工方便、安装简单等特点。

铝合金 T 形、LT 形吊顶龙骨,根据矿棉板的架板形式又分为明龙骨、暗龙骨两种。明龙骨外露部位光亮、不生锈、色调柔和,装饰效果好,它不需要大幅面的吊顶材料,因此多种吊顶材料都适用。铝合金龙骨适用于公共建筑空间的顶棚装饰。铝合金龙骨

课件
顶棚装饰构造形式
和做法

的主龙骨长度一般为 600mm 和 1200mm 两种,次龙骨长度一般为 600mm。

2. 覆面材料

覆面材料通常是安装在龙骨材料之上,可以是粉刷或胶贴的集成板,也可以直接由饰面板作覆面材料。室内装饰装修中用于吊顶的覆面材料很多,常用的有胶合板、纸面石膏板、装饰石膏板、矿棉装饰吸声板、金属装饰板、硅钙板等。

(1)胶合板。胶合板有三层板、五层板、七层板、九层板等,一般做普通基层使用。胶合板的规格较多,常见的有 915mm×915mm、1220mm×1830mm、1220mm×2440mm。常用厚度有 3mm、5mm、9mm、12mm、15mm、18mm。

(2)石膏板。用于顶棚的石膏板主要有纸面石膏板和装饰石膏板两类。

① 纸面石膏板。纸面石膏板按性能分为普通纸面石膏板、耐水纸面石膏板、耐火纸面石膏板和防潮纸面石膏板四类。纸面石膏板具有质轻、强度高、阻燃、防潮、隔声、隔热、抗振、收缩率小、不变形等特点。其加工性能良好,可锯、可刨、可粘贴,施工方便,常作为室内装饰装修工程的吊顶、隔墙材料。

纸面石膏板的常用规格:长度为 1800mm、2100mm、2400mm、2700mm、3000mm、3300mm、3600mm;宽度为 900mm、1200mm;厚度为 9.5mm、12mm、15mm、18mm、21mm、25mm。

② 装饰石膏板。装饰石膏板强度高且经久耐用,防火、防潮、不变形、抗下陷、吸声、隔音、健康安全。施工安装方便,可锯、可刨、可粘贴。

装饰石膏板品种类型较多,有压制浮雕板、穿孔吸声板、涂层装饰板、聚乙烯复合贴膜板等不同系列。可结合铝合金 T 形龙骨广泛用于公共空间的顶棚装饰。常用规格为 600mm×600mm,厚度为 7～13mm。

(3)矿棉装饰吸声板。矿棉装饰吸声板以岩棉或矿渣纤维为主要原料,加入适量粘接剂、防潮剂、防腐剂,经成型、加压烘干、表面处理等工艺支撑,具有质轻、阻燃、保温、隔热、吸声、表面效果美观等特点。长期使用不变形,施工安装方便。

矿棉装饰吸声板花色品种繁多,矿棉板吊顶龙骨可分为明架矿棉板、暗架矿棉板、复合插贴矿棉板、复合平贴矿棉板,其中复合插贴矿棉板和复合平贴矿棉板需和轻钢龙骨纸面石膏板配合使用。

矿棉板常用规格有 495mm×495mm、595mm×595mm、595mm×1195mm,厚度为 9～25mm。

(4)金属装饰板。金属装饰板是以不锈钢板、铝合金板、薄钢板等为基材,经冲压加工而成。表面做静电粉末、烤漆、滚涂、覆膜、拉丝等工艺处理。金属装饰板自重轻、刚性大、阻燃、防潮、色泽鲜艳、气派、线型刚劲明快,是其他材料所无法比拟的。多用于顶棚、墙面装饰。

金属装饰板吊顶以铝合金天花最常见,它们是用高品质铝材通过冲压加工而成。按其形状分为铝合金条形板、铝合金方形板、铝合金格栅天花、铝合金挂片天花、铝合金藻井天花等。表面分为有孔和无孔两种。

(5)硅钙板。其原料来源广泛。可采用石英砂磨细粉、硅藻土或粉煤灰,钙质原料为生石灰、消石灰、电石泥和水泥,增强材料为石棉、纸浆等。原料经配料、制浆、成型、压蒸养护、烘干、砂光而制成,具有强度高、隔声、隔热、防水等性能。规格为

500mm×500mm、600mm×600mm,厚度为 4～20mm。

二、顶棚装饰构造

1. 直接抹灰、喷(刷)顶棚构造

直接抹灰、喷(刷)顶棚构造工艺简便而快捷,在楼板结构层底面抹水泥砂浆或水泥石灰砂浆,经腻子刮平喷刷涂料。此外,也可在水泥砂浆层上粘贴装饰石膏板或其他饰面材料。

2. 悬吊式顶棚构造

悬吊式顶棚按材料不同可以分为木骨架胶合板吊顶、轻钢龙骨纸面石膏板吊顶、矿棉装饰吸声板吊顶、铝合金装饰板吊顶。

(1)木骨架胶合板吊顶构造。木骨架胶合板吊顶,一般由吊杆、主龙骨、次龙骨及胶合板四部分组成。它构造简单、造价便宜、承载量大。目前这种吊顶不会大面积使用,但在某些特殊场所和特殊造型部位,往往采用木龙骨解决设计所需及造型问题。

木龙骨应选用软质木材作吊顶材料,一般樟松、白松木龙骨较多,并加工成截面为正方形或长方形的木条,木龙骨常用规格有 25mm×40mm、40mm×40mm、40mm×60mm、50mm×70mm 等,也可根据设计要求调整木龙骨的尺寸。

木龙骨按照基层板的规格做成网格,再安装基层板。基层板表面可以处理喷涂面漆或裱糊墙纸,也可粘贴其他饰面材料,如图 4-2-2 所示。

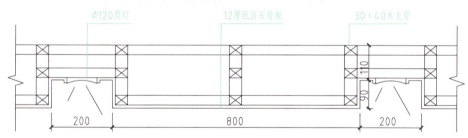

图 4-2-2 木龙骨饰面板安装节点图

(2)轻钢龙骨纸面石膏板吊顶构造。轻钢龙骨纸面石膏板顶棚是当今普遍使用的一种吊顶形式,适应多种场所顶棚的装饰装修,具有施工快捷、安装牢固、防火性能优等特点。吊顶用轻钢龙骨根据断面形状分为 U 形龙骨、C 形龙骨和 L 形龙骨。

① 轻钢龙骨纸面石膏板吊顶主要由吊杆、龙骨、石膏板组成。骨架由主龙骨(U 形龙骨、承载龙骨)、次龙骨(C 形龙骨、覆面龙骨)、横撑龙骨(C 形龙骨)、边龙骨(L 形龙骨)和配件组成。配件一般有主龙骨吊挂件、次龙骨吊挂件、连接件、水平支托件等。图 4-2-3 中吊点即吊杆位置,吊点间距约 900mm,虚线为主龙骨位置,主龙骨间距约 1100mm,次龙骨间距约 400mm,根据剖切索引符号识读安装节点图,了解轻钢龙骨纸面石膏板的构造做法(图 4-2-4),如果采用轻钢龙骨双层纸面石膏板的构造形式,其防潮性和抗裂性更好(图 4-2-5)。

② 卡式轻钢龙骨纸面石膏板吊顶。卡式轻钢龙骨吊顶又叫 V 形轻钢龙骨吊顶,是建筑内部顶棚装修工程较为普遍采用的一种吊顶形式,由卡式主龙骨与常规的覆面次龙骨组成。卡式龙骨构造工艺简单,安装便捷,主龙骨与主龙骨、次龙骨与次龙骨、主龙骨与次龙骨均采用自接式连接方式,无需任何多余附接件。优点是成本低、施工快、节约吊顶空间,适用于吊顶完成面厚度为 100～500mm 的空间,如图 4-2-6 所示。

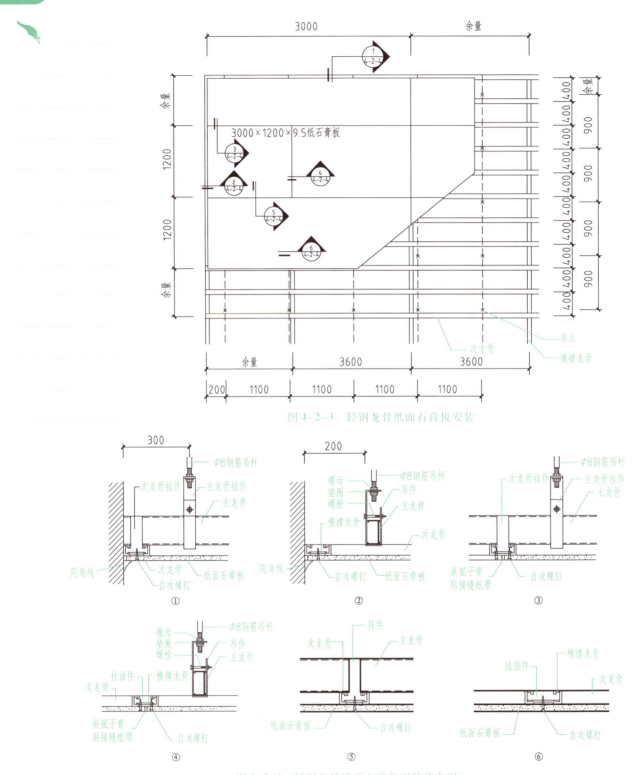

图 4-2-3　轻钢龙骨纸面石膏板安装

图 4-2-4　轻钢龙骨纸面石膏板安装节点图

（3）T 形铝合金龙骨矿棉装饰吸声板吊顶构造。铝合金龙骨矿棉装饰吸声板吊顶是公共空间顶棚装饰应用最为广泛、技术较为成熟的一种。其中 T 形、LT 形铝合金龙骨最为常见,它由主龙骨、次龙骨、边龙骨、连接件、吊杆组成。具有重量轻、尺寸精确度高、装饰性能好、构造形式灵活多样,安装简单等优点。矿棉板吊顶龙骨的安置形式多样,但其构造做法基本相同,如图 4-2-7 所示。

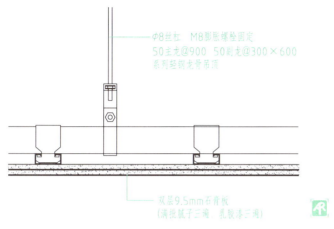

图 4-2-5　轻钢龙骨双层纸面石膏板构造做法

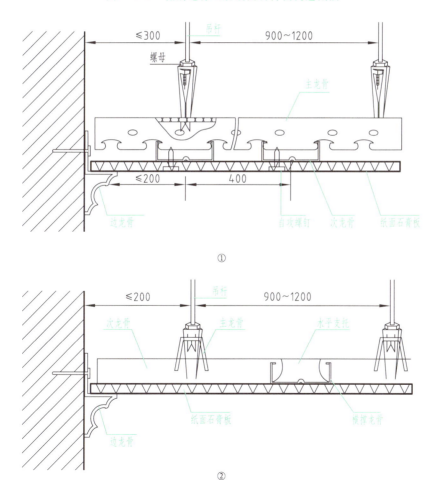

①

②

图 4-2-6　卡式轻钢龙骨纸面石膏板安装节点图

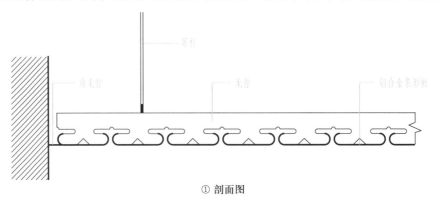

图4-2-7　T形铝合金龙骨矿棉装饰吸声板安装节点图

（4）铝合金装饰板吊顶构造。铝合金装饰板吊顶结构紧密牢固,构造技术简单,组装灵活方便,整体平面效果好。铝合金装饰板的规格、型号、尺寸多样,但龙骨的形式和安装方法都大同小异。

常见铝合金装饰板及构造做法有以下几种形式。

① 铝合金条形装饰板吊顶。铝合金条形装饰板又叫铝合金条形扣板。龙骨间距为 1000～1200mm。大面积吊顶要加轻钢龙骨,如图4-2-8、图4-2-9所示。

② 铝合金方形装饰板吊顶。铝合金方形装饰板吊顶,可以是全部顶棚采用同一种造型、花色的方形板装饰而成,也可以是全部顶棚采用两种或多种不同造型、不同花色的板面组合而成。它们可以各自形成不同的艺术效果。同时与天棚表面的灯具、风

① 剖面图

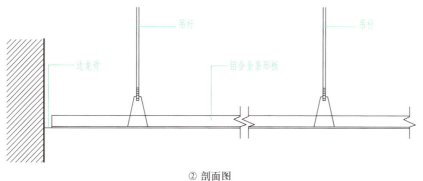

② 剖面图

图 4-2-8　铝合金条形装饰板安装节点图

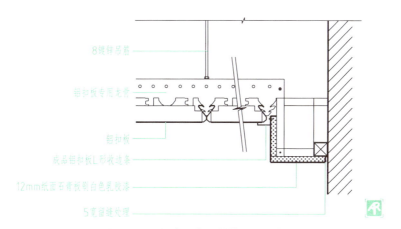

图 4-2-9　铝合金条形装饰板构造做法

口、排风扇等有机组合,协调一致,使整个顶棚在组合结构、使用功能、表面颜色、安装效果等方面均达到完美和谐统一。

根据铝合金方形装饰板的尺寸、规格确定龙骨及吊杆的分布位置,龙骨间距一般为 1000~1200mm,大面积吊顶可加轻钢龙骨,如图 4-2-10 所示。

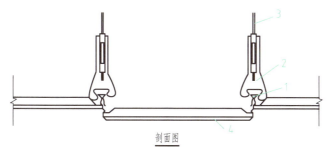

剖面图

图 4-2-10　铝合金方形装饰板吊顶构造做法

1-三角龙骨;2-吊件;3-吊杆;4-方形扣板

③ 铝合金格栅顶棚。铝合金格栅天花吊顶是新型建筑顶棚装饰之一。它造型新颖、格调独特,层次分明,立体感强,防火、防潮、通风性好。铝合金格栅形状多种多样,有直线形、曲线形、多边形、方块形及其他异形等。它一般不需要吊顶龙骨,是由自身的主骨和副骨构成,因此组成极其简单,安装非常方便。各种格栅可单独组装,也可用

不同造型的格栅组合安装;还可和其他吊顶材料混合安装,如纸面石膏板,再配以各种不同的照明穿插其间,可营造出特殊的艺术效果,如图 4-2-11、图 4-2-12 所示。

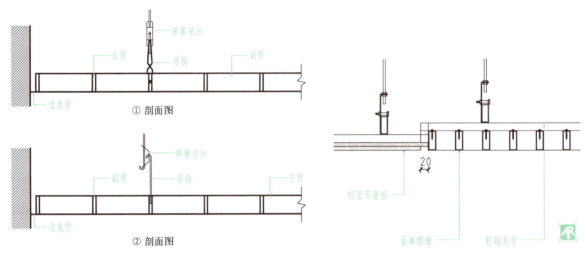

图 4-2-11　铝合金格栅吊顶构造做法(1)　　　图 4-2-12　铝合金格栅吊顶构造做法(2)

④ 铝合金挂片顶棚。铝合金挂片顶棚又叫垂帘吊顶,是一种装饰性较强的天幕式顶棚,可调节室内空间视觉高度。挂片可随风而动,获得特殊的艺术效果。铝合金挂片顶棚吊顶安装简便,可任意组合,并可隐藏楼底的管道及其他设施。

铝合金挂片顶棚安装在专用龙骨上,并悬吊于楼板结构层底面,如图 4-2-13 所示。

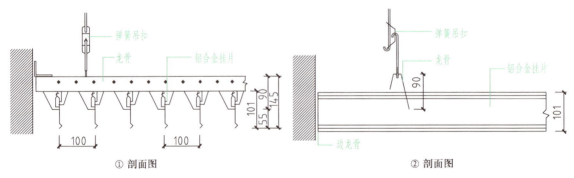

① 剖面图　　　　　　　　　　　② 剖面图

图 4-2-13　铝合金挂片吊顶构造做法

3. 常见顶棚造型的装饰构造

(1)发光顶棚构造。将顶棚设计成发光体,好像明亮的天空,既起到照明的作用,又可以做各种形状和图案,如可以做成圆形、方形或异形的发光面,表面可以处理成柔光、各种颜色或图形。发光顶棚的发光体常见有荧光灯、LED 灯等,隔光材料通常有磨砂玻璃、艺术玻璃、灯片、亚克力板、透光云石、灯膜等。根据灯盒的重量可直接安装在次龙骨上或固定在楼板上,如图 4-2-14 所示。

玻璃、灯片、云石属于硬质材料,因其有一定的重量,不能做较大尺寸,构造做法为搭在框架上,便于检修拆卸,如图 4-2-15、图 4-2-16 所示。灯膜是软质材料,能做成较大面积和各种形状,用专门的卡件固定,如图 4-2-17 所示。

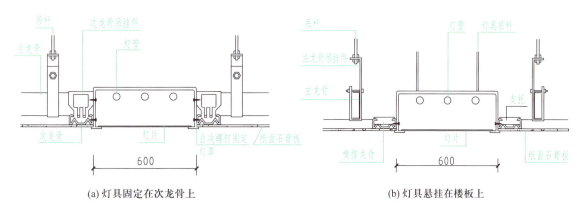

(a) 灯具固定在次龙骨上　　　　　　　　(b) 灯具悬挂在楼板上

图 4-2-14　灯盒安装构造做法

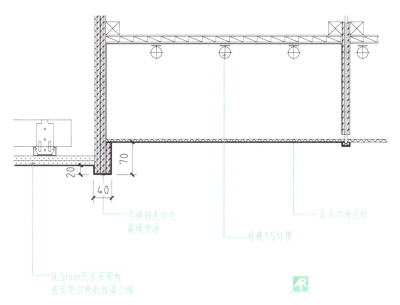

图 4-2-15　亚克力板发光顶棚构造做法

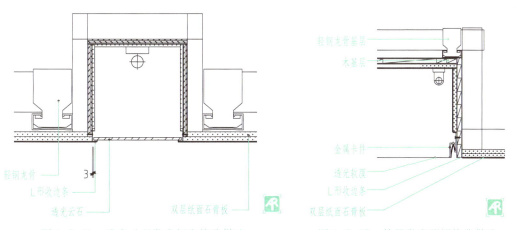

图 4-2-16　透光云石发光灯盒构造做法　　　图 4-2-17　软膜发光顶棚构造做法

　　（2）成品木饰面顶棚构造。成品木饰面顶棚造型多样,安装简便。成品木饰面木纹有黄橡木、白橡木、黑橡木、柚木、核桃木、胡桃木、榉木、樱桃木、酸枝木、枫木、影木、乌木、檀木、黑檀木、铁刀木、斑马木、榆木、杨木、安利格等,成品木饰面板厚度有1.8mm、3mm、3.6mm、5mm、9mm、12mm、18mm、25mm 等,常见规格为 1220mm×2440mm,一般支持加长到 2.8m、3m、3.6m 等,龙骨形式常见有木龙骨或金属龙骨,基层板可以是多层板、欧松板或细木工板等,面层根据装饰效果选择不同花纹的木饰面。例如,图 4-2-18 所示为轻钢龙骨做骨架,多层板做基层,基层板上固定木饰面挂条、成品木饰面板挂条搭接安装的做法。

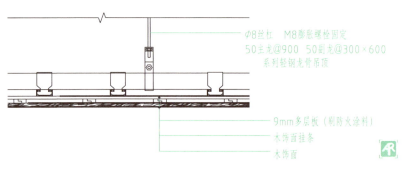

图 4-2-18　成品木饰面顶棚构造做法

　　（3）镜饰面顶棚构造。镜饰面材料主要有普通银镜、彩色镜面和烤漆玻璃,如银镜、茶镜、黑镜、平面烤漆玻璃和磨砂烤漆玻璃等。镜饰面顶棚构造的龙骨形式常见为木龙骨或金属龙骨,基层为木基层板,常见有多层板或细木工板等。镜饰面收口常用金属材质压条,如不锈钢条、铝合金条或铜条等,也可用木质线条收口,如图 4-2-19 所示。

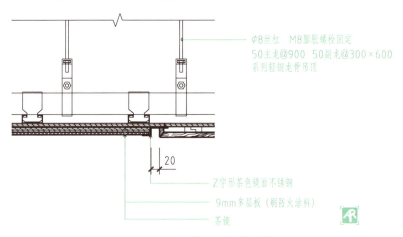

图 4-2-19　镜饰面顶棚构造做法

　　（4）硬包饰面顶棚构造。硬包饰面顶棚常用装饰布、皮革等软质材料包裹平整的密度板,制成多个规格块,固定在顶棚骨架上,组成图案。硬包面层材料多为壁布、绒布、壁毯、皮革等,密度板平整度高,适合于做衬板,密度板首先根据设计的形状和尺寸切割规整,再用软质材料包裹,硬包块之间可以采用密拼、圆角形或 V 形缝拼接。硬包饰面顶棚的龙骨采用轻钢龙骨或木龙骨,基层板采用多层板或细木工板,如图 4-2-20 所示。

（5）铝格栅与矿棉板顶棚构造。顶棚造型如用两种材料,除需了解每种材料的构造做法外,还需正确设计两种材料之间的连接关系。如图4-2-21所示,顶棚设计为铝格栅和矿棉板吊顶两种材料,两种材料间的连接方式可以采用适合于两种造型的封边材料,例如实木、金属、压线等,为了造型的美观,还可以考虑形成高差,更有层次感。此案例采用铝方通连接两种材料,铝方通直接用吊筋与楼板相连,两边分别用边龙骨固定铝格栅和矿棉板。

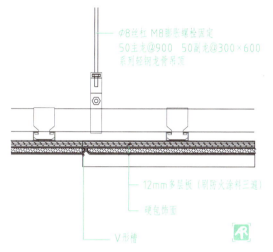

图4-2-20　硬包饰面顶棚构造做法

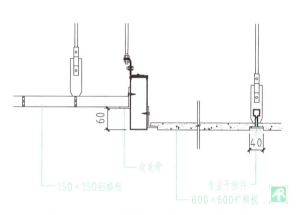

图4-2-21　铝格栅与矿棉板顶棚构造做法

4. 顶棚特殊部位的装饰构造

顶棚装饰除了要满足设计的需要,还需解决吊顶时的其他特殊构造技术问题。

（1）顶棚与灯具的连接构造。灯具是顶棚的重要设备,顶棚装饰装修常遇到罩面板与灯具的构造关系。灯具安装应遵循美观、安全、耐用的原则,顶棚与灯具的构造方法有吊灯、吸顶灯、反射灯槽、灯盒等构造做法,如图4-2-22、图4-2-23所示。

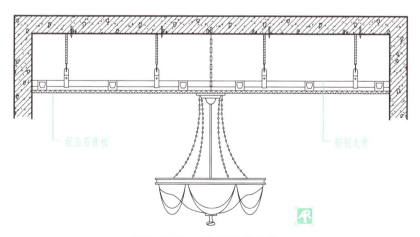

图4-2-22　吊灯安装构造做法

（2）顶棚与通风口、检修口的构造。为了满足室内空气卫生的要求,需在吊顶罩面层上设置通风口、回风口。风口由各种材质的单独定型产品构成,如塑料板、铝合金板,也可用硬质木材按设计要求加工而成。其外形有方形、长方形、圆形、矩形等,多为固定或活动格栅状,构造方法与安装式吸顶灯基本相同,如图 4-2-24、图 4-2-25 所示。

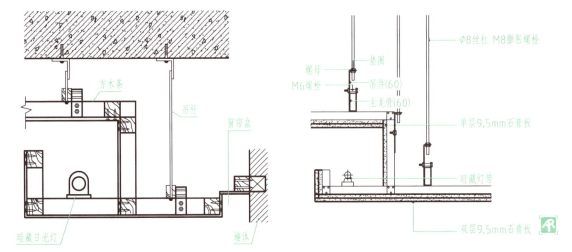

图 4-2-23　反射灯槽构造做法

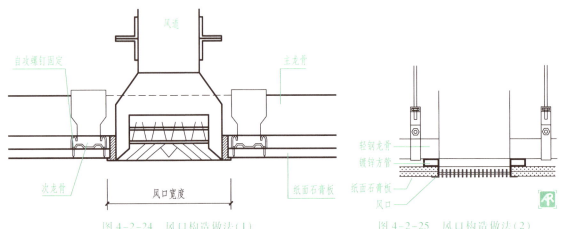

图 4-2-24　风口构造做法(1)　　　　　　图 4-2-25　风口构造做法(2)

为了方便对吊顶内部各种设备、设施进行检修、维护,需在顶棚表面设置检修口。一般将检修口设置在顶棚不明显部位,尺寸不宜过大,能上人即可。洞口内壁应用龙骨支撑,增加其面板的强度,如图 4-2-26、图 4-2-27 所示。

(3)顶棚与窗帘盒的构造。窗帘盒是为了装饰窗户,遮挡窗帘轨而设置的,窗帘盒的尺寸随窗帘轨及窗帘厚度、层数而定。材料可为木板、金属、石膏板、石材等。窗帘盒的造型多种多样,就其构造方法有明窗帘盒和暗窗帘盒之分。

明窗帘盒挡板的高度可根据室内空间的大小及高差而定,一般为 200～300mm。挡板与墙面的宽度可根据窗轨及窗帘层数的多少来确定,一般单轨为 100～150mm、双轨为 200～300mm。挡板长以窗口的宽度为准,一般比窗口两端各长 200～400mm,也可将挡板延伸至与墙面相同长度,其构造如图 4-2-28、图 4-2-29 所示。

暗窗帘盒是利用吊顶时自然形成的暗槽,槽口下端就是顶棚的表面(图 4-2-30、图 4-2-31)。暗窗帘盒给人以统一协调的视觉感,其尺寸与明窗帘盒基本相同,还可以和暗藏式反射灯槽结合应用,如图 4-2-32、图 4-2-33 所示。

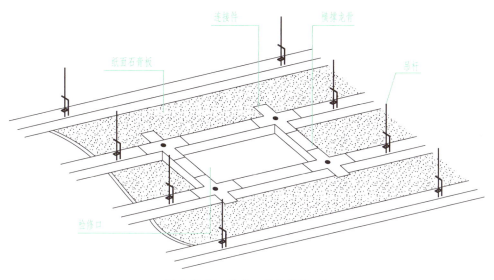

图 4-2-26　检修口构造做法（1）

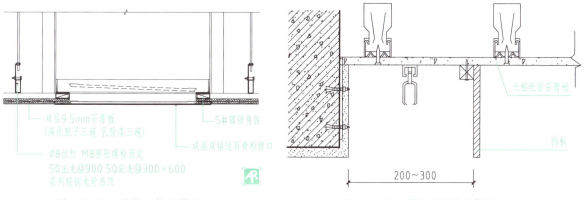

图 4-2-27　检修口构造做法（2）

图 4-2-28　明窗帘盒构造做法（1）

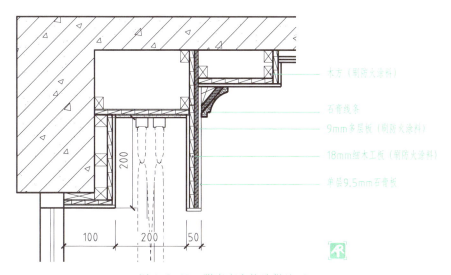

图 4-2-29　明窗帘盒构造做法（2）

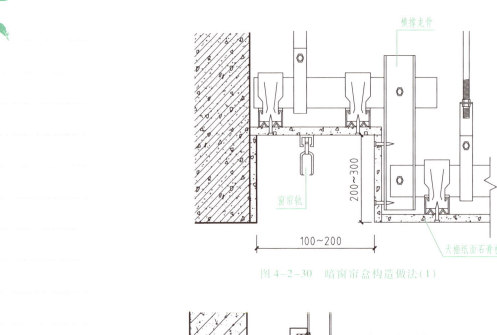

图 4-2-30　暗窗帘盒构造做法（1）

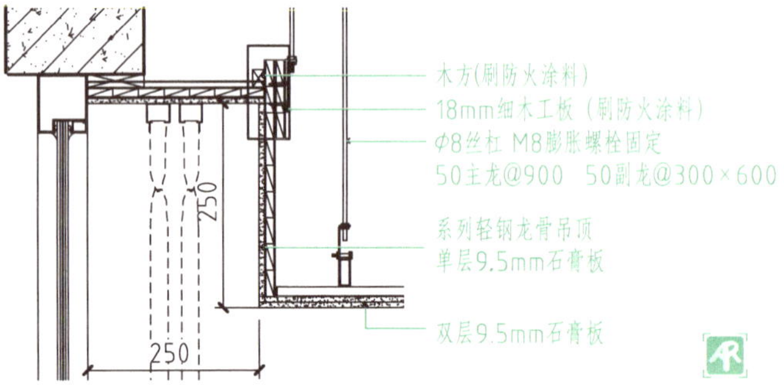

图 4-2-31　暗窗帘盒构造做法（2）

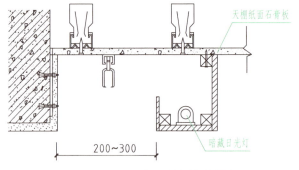

图 4-2-32　窗帘盒与反射灯构造做法（1）

4.2.3　顶棚装饰施工图绘制要求和绘制步骤

　　顶棚装饰施工图是能完整反映建筑室内空间顶棚造型及顶棚与灯具、风口、设备构造关系的装饰施工图。

　　顶棚（天花）装饰施工图包括装饰装修楼层的顶棚（天花）总平面图、顶棚（天花）布置（平面）图、顶棚尺寸定位图、顶棚灯位开关控制图、顶棚索引图、顶棚剖面节点详图。

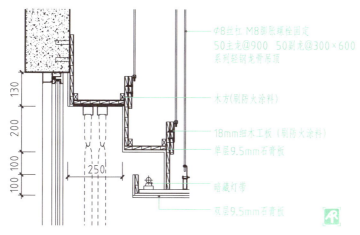

Φ8丝杠 M8膨胀螺栓固定
50主龙@900　50副龙@300×600
系列轻钢龙骨吊顶

木方（刷防火涂料）

18mm细木工板（刷防火涂料）
单层9.5mm石膏板

暗藏灯带

双层9.5mm石膏板

图4-2-33　窗帘盒与反射灯构造做法（2）

上述顶棚装饰施工图的内容仅指所需表示的范围，当设计对象较为简单时，根据具体情况可将上述几项内容合并，减少图纸数量。

课件
顶棚装饰施工图的内容

微课
顶棚装饰施工图的内容

课件
分项顶棚布置图绘制

微课
分项顶棚布置图绘制

动画
顶棚平面图绘制

一、顶棚总平面图

（1）表达出剖切线以上的总体建筑与室内空间的造型及其关系。

（2）表达顶棚上总的灯位、装饰及其他（不注尺寸）。

（3）表达通风口、烟感、温感、喷淋、广播、检修口等设备安装内容（视具体情况而定）。

（4）表达各顶棚的标高关系。

（5）表达出门、窗洞口的位置。

（6）表达出轴号和轴线尺寸。

二、顶棚布置图

1. 顶棚布置图绘制要求

（1）详细表达出该部分剖切线以上的建筑与室内空间的造型及其关系。

（2）表达出顶棚上该部分的灯位图例及其他装饰物（不注尺寸）。

（3）表达出窗帘及窗帘盒。

（4）表达出门、窗洞口的位置。

（5）表达通风口、烟感、温感、喷淋、广播、检修口等设备安装位置（不注尺寸）。

（6）表达出顶棚的装修材料。

（7）表达出顶棚的标高关系。

（8）表达出轴号及轴线关系。

2. 顶棚布置图绘制步骤（以图4-2-34为例）

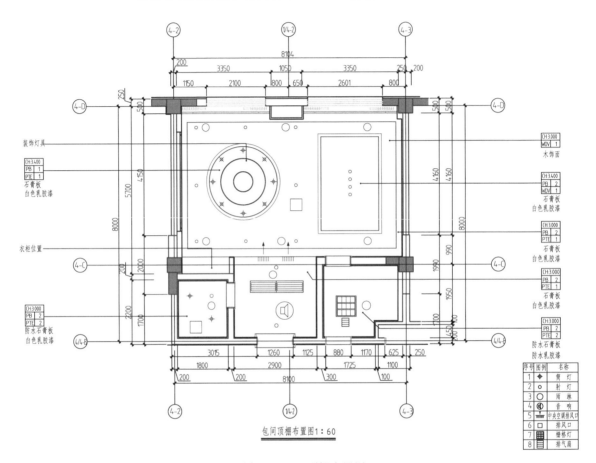

包间顶棚布置图1:60

图4-2-34　顶棚布置图

（1）绘制定位轴线网。

（2）绘制墙体，绘制门窗洞口、楼梯、电梯、阳台等建筑构件。

（3）绘制出顶棚设计造型。

（4）绘制出灯位图例及窗帘等其他顶部装饰物。

（5）绘制通风口、烟感、温感、喷淋、广播、检修口等设备安装位置。

（6）标注顶棚的标高关系，以本层地面0.000m为测量点。

（7）标注轴号和轴线尺寸。

（8）绘制引线，文字标注装饰材料名称，标注材料编号。

（9）标注图名及比例。

三、顶棚尺寸定位图

1. 顶棚尺寸定位图绘制要求

（1）表达出该部分剖切线以上的建筑与室内空间的造型及关系。

（2）表达出详细的装修、安装尺寸。

（3）表达出顶棚的灯位图例及其他装饰物并注明尺寸。

（4）表达出窗帘、窗帘盒及窗帘轨道。

（5）表达出门、窗洞口的位置。

（6）表达通风口、烟感、温感、喷淋、广播、检修口等设备安装位置（需标注尺寸）。

（7）表达出顶棚的装修材料。

（8）表达出顶棚的标高关系。

（9）表达出轴号及轴线关系。

2. 顶棚尺寸定位图绘制步骤（以图 4-2-35 为例）

课件
顶棚尺寸定位图绘制

微课
顶棚尺寸定位图绘制

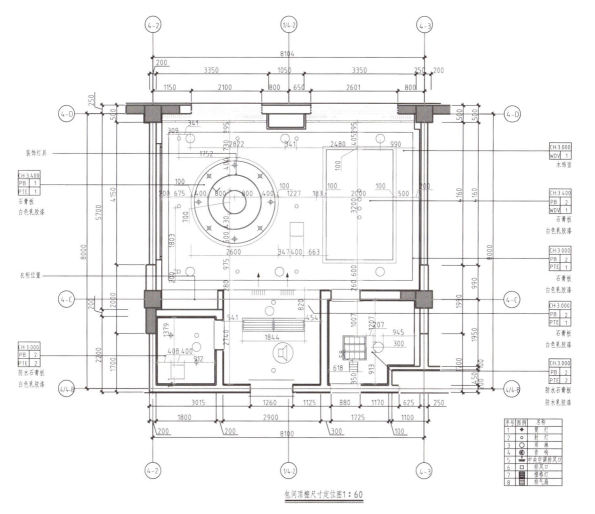

包间顶棚尺寸定位图 1:60

图 4-2-35　顶棚尺寸定位图

（1）绘制定位轴线网。

（2）绘制墙体，绘制门窗洞口、楼梯、电梯、阳台等建筑构件。

（3）绘制出顶棚设计造型。

（4）绘制出灯位图例及窗帘等其他顶部装饰物。

（5）绘制通风口、烟感、温感、喷淋、广播、检修口等设备安装位置。

（6）标注顶棚的标高关系。

（7）标注轴号和轴线尺寸。

（8）标注详细的顶棚造型尺寸、灯具设备安装尺寸。

（9）绘制引线、文字标注装饰材料名称，标注材料编号。

（10）标注图名及比例。

四、顶棚灯位开关控制图

1. 顶棚灯位开关控制图绘制要求

（1）表达出该部分剖切线以上的建筑与室内空间的造型及关系。

（2）表达出每一光源的位置及图例（不注尺寸）。

（3）注明顶棚上每一灯具及灯饰的编号。

（4）表达出各类灯具、灯饰在本图纸中的图表。

（5）图表中应包括图例、编号、型号、是否调光及光源的各项参数。

（6）表达出窗帘、窗帘盒。

（7）表达出门、窗洞口的位置。

（8）表达出顶棚的装饰材料。

（9）表达出顶棚的标高关系。

（10）表达出轴号及轴线尺寸。

（11）表达出需连成一体的光源设置，以弧形细虚线绘制。

2. 顶棚灯位开关控制图绘制步骤（以图 4-2-36 为例）

（1）绘制定位轴线网。

（2）绘制墙体，绘制门、窗、楼梯、电梯、阳台等建筑构件。

（3）绘制出顶棚设计造型。

（4）绘制通风口、烟感、温感、喷淋、广播、检修口等设备安装位置。

（5）绘制出顶棚上灯具位置及图例，注明每一灯具及灯饰的编号。

（6）以弧形细虚线连接开关和控制的光源和设备。

（7）绘制各类灯具、灯饰在本图纸中的图表。

（8）标注顶棚的标高关系。

（9）标注轴号和轴线尺寸。

（10）绘制引线，用文字标注装饰材料名称，标注材料编号。

（11）标注图名及比例。

五、顶棚索引图

吊顶造型需要进一步绘制剖面节点详图以说明其装饰细节和构造做法，标注详细尺寸。首先应确定顶棚造型哪些部位需绘制剖面节点详图，剖面节点详图需确定剖切位置和剖切方向，大样图需确定放大样的部分，在顶棚布置图的基础上绘制剖切或大样索引符号，完成顶棚索引图。

课件
顶棚灯位开关控制图绘制

微课
顶棚灯位开关控制图绘制

课件
顶棚索引图绘制

微课
顶棚索引图绘制

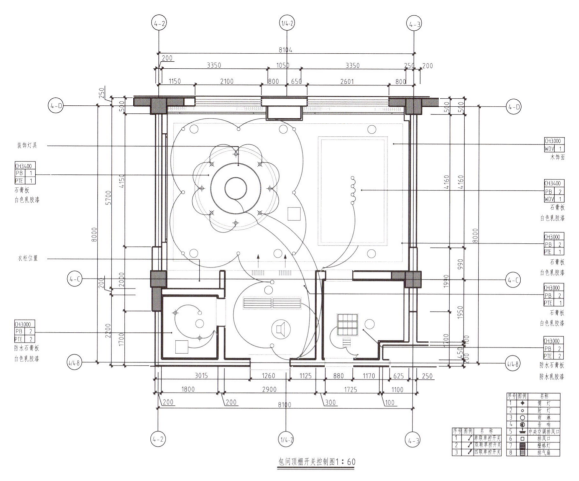

包间顶棚开关控制图1：60

图 4-2-36 顶棚灯位开关控制图

1. 顶棚索引图绘制要求

（1）表达出该部分剖切线以上的建筑与室内空间的造型及关系。

（2）表达出顶棚的灯位图例及其他装饰物（不注尺寸）。

（3）表达出窗帘及窗帘盒。

（4）表达通风口、烟感、温感、喷淋、广播、检修口等设备安装位置（不注尺寸）。

（5）表达出顶棚的装修材料及排版。

（6）表达出顶棚的标高关系。

（7）表达出轴号及轴线关系。

（8）表达出顶棚装修的节点剖切索引号及大样索引号。

2. 顶棚索引图绘制步骤（以图 4-2-37 为例）

（1）绘制定位轴线网。

（2）绘制墙体，绘制门、窗、楼梯、电梯、阳台等建筑构件。

（3）绘制出顶棚设计造型。

（4）绘制出灯位图例及窗帘等其他顶部装饰物。

（5）绘制通风口、烟感、温感、喷淋、广播、检修口等设备安装位置。

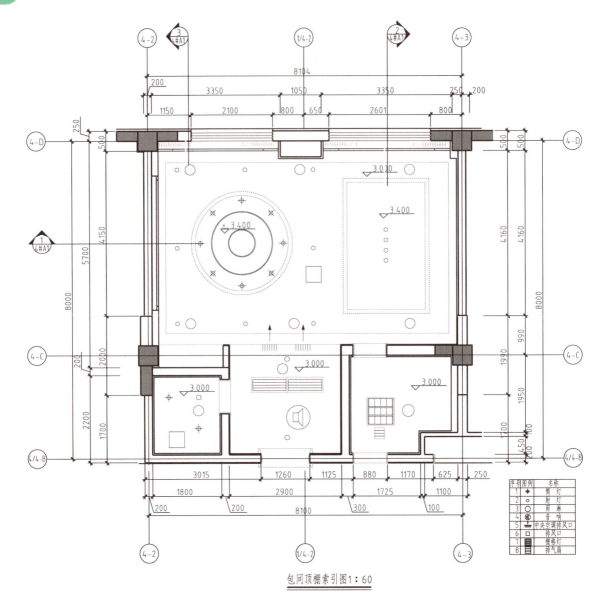

包间顶棚索引图1:60

图4-2-37 顶棚索引图

（6）标注顶棚的标高关系。

（7）标注轴号和轴线尺寸。

（8）绘制引线、文字标注装饰材料名称，标注材料编号。

（9）标注顶棚索引位置和符号。

（10）标注图名及比例。

六、顶棚剖面节点详图

根据顶棚索引图的索引符号所示，绘制剖面图、节点图或大样图。

1. 顶棚剖面节点详图绘制要求

（1）详细表达出被切截面从上楼板、墙柱结构体至面饰层的施工构造连接方法及相互关系。

课件
顶棚剖面节点详图
绘制

（2）表达出紧固件、连接件的具体图形与实际比例尺度（如吊杆、龙骨挂件等）。

（3）表达出在投视方向未被剖切到的可见装修内容。

（4）表达出各断面构造内的材料图例、说明及工艺要求。

（5）表达出详细的施工尺寸。

（6）注明详图符号、图名及比例。

2. 顶棚剖面节点详图绘制步骤（以图 4-2-38 为例）

动画
窗帘盒构造施工图绘制

动画
反光灯槽的顶构造施工图绘制

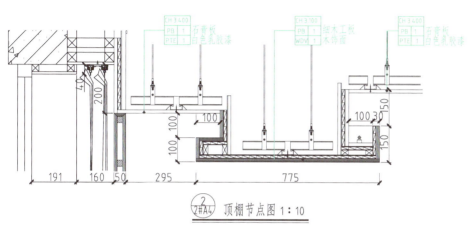

图 4-2-38　顶棚节点图

（1）绘制墙体、窗等建筑结构剖面。

（2）按照顶棚的构造顺序绘制吊筋、主龙骨挂件、主龙骨、次龙骨、石膏板（含紧固件）等。

（3）绘制各断面构造内的材料图例。

（4）绘制该部分关联的灯具、窗帘轨道等设备，表达出与顶棚的关系。

（5）标注详细施工尺寸、材料及工艺要求。

（6）标注详图符号、图名和比例。

微课
弧形反光灯槽顶棚节点图绘制

任务实施：顶棚装饰施工图绘制

一、任务条件

给出某空间设计方案效果图或现场照片，如图 4-2-39 所示诊室，平面尺寸为 5.6m× 3.6m，层高 3.5m，安装中央空调，顶棚为纸面石膏板吊顶、发光灯盒照明、木线条收边。

二、任务要求

根据诊室的设计方案，绘制顶棚装饰施工图，包括顶棚布置图、顶棚尺寸定位图、顶棚灯位开关控制图、顶棚索引图、顶棚剖面节点详图等。

微课
发光顶棚节点图绘制

图 4-2-39　诊室

1. 深化设计能力训练

（1）根据诊室的吊顶方案，调研相关主材与辅材，完成表 4-2-1 所示工作页 4-2（顶棚装饰材料调研表）。

表 4-2-1　工作页 4-2（顶棚装饰材料调研表）

项次	项目	材料	规格	品牌,性能描述,构造做法	价格
1	龙骨				
2	基层				
3	面层				
4	辅材				
5	设备				

（2）根据诊室的吊顶方案设计内部构造，画出吊顶造型节点详图、顶棚与墙面的交接节点详图、顶棚灯具安装节点详图、顶棚风口安装节点详图。

2. 诊室顶棚装饰施工图绘制

根据某诊室顶棚方案设计图完成一套顶棚装饰施工图，见表 4-2-2。

表 4-2-2　根据某诊室顶棚方案设计图完成一套顶棚装饰施工图

任务	绘制某诊所顶棚装饰施工图
学习领域	顶棚装饰施工图绘制
行动描述	教师给出顶棚设计方案，提出施工图绘制要求。学生做出深化设计方案，按照顶棚装饰施工图绘制内容和要求，绘制出顶棚装饰施工图，并按照制图标准、图面原则设置。输出施工图后，学生自评，教师点评
工作岗位	设计员、施工员
工作依据	《房屋建筑室内装饰装修制图标准》（JGJ/T 244—2011）、《内装修——室内吊顶》（12J 502-2）、《内装修——细部构造》（16J 502-4）
工作方法	1. 分析任务书，识读设计方案，调研装饰材料和装饰构造； 2. 确定装饰构造方案，制图方法决策； 3. 制订制图计划； 4. 现场测量，尺寸复核； 5. 完成顶棚布置图、剖面图、节点详图； 6. 顶棚装饰施工图自审； 7. 评估设计完成度，以及完成效果
预期目标	通过实践训练，进一步掌握顶棚装饰施工图的绘制内容和绘制方法

3. 顶棚装饰施工图绘制流程

（1）进行技术准备。

① 识读设计方案。识读顶棚设计方案，了解顶棚方案设计立意，明确顶棚装饰材料、顶棚造型设计、顶棚尺寸要求。

② 现场尺寸复核。根据顶棚图进行尺寸复核，测量现场尺寸，检查顶棚设计方案的实施是否存在问题。

③ 深化设计。根据顶棚设计方案，确定吊顶构造形式，进行龙骨、面层、搭接方式等的深化设计，绘制构造草图。

（2）工具、资料准备。

① 工具准备：记录本、笔、计算机。

② 资料准备：《房屋建筑制图统一标准》（GB/T 50001—2017）、《房屋建筑室内装饰装修制图标准》（JGJ/T 244—2011）、《内装修——室内吊顶》（12J 502-2）、《内装修——细部构造》（16J 502-4）。

（3）按照计划绘制顶棚装饰施工图。学生按照绘图计划完成顶棚装饰施工图的绘制。

三、评分标准

顶棚装饰施工图绘制评分标准见表 4-2-3。

表 4-2-3　顶棚装饰施工图绘制评分标准（10 分）

序号	评分内容	评分说明	分值
1	绘制内容	顶棚布置图、顶棚尺寸定位图、顶棚灯位开关控制图、顶棚索引图、顶棚剖面节点详图等图纸齐全，内容完整，表达清晰。依据设计方案顶棚布置合理，灯具设备位置准确	4
2	绘制深度	按照比例正确设置界面绘制深度、尺寸标注深度和断面绘制深度	2
3	尺寸与文字	材料有编号，标注齐全，尺寸标注完整，字体、字号统一，尺寸标注样式统一	2
4	制图标准	比例选用合理，线宽、线型正确合理，标高、索引符号表达正确，尺寸标注符合标准，图例选择正确	2

任务 4.3　墙、柱面装饰施工图绘制

任务目标

通过本任务学习，达到以下目标：明确墙、柱面装饰施工图需要绘制的内容，熟悉墙、柱面装饰的常用材料，掌握墙、柱面造型的装饰构造做法，完成墙、柱面构造的深化设计，掌握墙、柱面装饰施工图绘制要求，完成墙、柱面装饰施工图的绘制。

任务描述

• 任务内容

根据装饰方案图，绘制墙、柱面装饰施工图。

• 实施条件

1. 装饰效果图和装饰方案图。

2.《房屋建筑制图统一标准》（GB/T 50001—2017）、《房屋建筑室内装饰装修制图标准》（JGJ/T 244—2011）。

知识准备

4.3.1　墙、柱面装饰施工图概念

墙柱面装饰施工图是用于反映建筑空间墙面、柱造型、装饰美化要求及构造关系

的图样。它是以装饰方案图为主要依据,采用正投影法反映建筑墙、柱面的装饰结构、装饰造型、饰面处理,以及剖切到顶棚的断面形状、投影到的灯具或风管等内容。

墙柱面装饰施工图包括墙立面图、柱立面图、墙柱剖面图、墙柱面详图等。室内墙、柱面的装饰立面图一般选用较大比例。

课件
墙柱面装饰材料和
构造做法

4.3.2　墙、柱面装饰材料与构造

一、墙、柱面常用装饰材料

建筑内墙面是人最容易感觉、触摸到的部位,材料在视觉及质感上均比外墙有更强的敏感性,对空间的视觉影响颇大,所以对内墙装饰材料的各项技术标准有更加严格的要求。因此在材料的选择上应坚持"绿色"环保、安全、牢固、耐用、阻燃、易清洁的原则,同时应有较高的隔音、吸声、防潮、保暖、隔热等特性。

内墙柱面最常见的装饰材料有乳胶漆、墙纸、墙布、墙砖、石材、软包、镜面不锈钢饰面板、钙塑装饰板、铝塑板、玻璃系列、木饰面系列等。

(1)乳胶漆。乳胶漆是乳胶涂料的俗称,是以合成树脂乳液为基料,经一定工艺过程制成的涂料。乳胶漆为水性涂料,健康、环保,漆膜性能比溶剂型涂料好。它具有易于涂刷、干燥迅速、颜色丰富、装饰效果好、适用范围广、耐碱性好、漆膜耐水、耐擦洗性好等不同于传统墙面涂料的诸多优点。

(2)硅藻泥。硅藻泥是一种以硅藻土为主要原材料的内墙环保装饰壁材。硅藻泥主要由纯天然无机材料组成,是绿色环保材料,本身无任何污染,无异味。硅藻泥具有天然环保、手工工艺、调节湿度、净化空气、防火阻燃、吸声降噪、保温隔热、保护视力、墙面自洁、超长寿命等多种特性和功能。它具有良好的和易性和可塑性,施工涂抹、图案制作可随意造型,是乳胶漆和墙纸等传统装饰材料无法比拟的。

(3)墙纸。墙纸也称为壁纸,是一种用于裱糊墙面的室内装修材料,广泛用于住宅、办公室、宾馆、酒店的室内装修等。材质不局限于纸,也包含其他材料。墙纸是目前使用率最高的一类室内软性装饰材料,在塑造空间的能力上,有着非常大的可利用空间,随着科技的发展,具有各种肌理、图案、功能性的墙纸层出不穷。墙纸可分为合成墙纸、天然墙纸和艺术墙纸三种类型。

(4)环保生态壁材。环保生态壁材是从一些发达国家传入的,有呼吸屋生态壁材和海吉布等。呼吸屋生态壁材有呼吸屋涂料和呼吸屋壁纸之分。奥地利的海吉布,其材料纯天然,无污染,并能有效吸收分解甲醛、苯等污染物。海吉布也叫作玻纤壁布、石英壁布,是胶、壁布、涂料三者合一的一种墙面材料,施工时像贴壁布一样但是贴完后还要在上面刷乳胶漆。

其他还有用于墙面造型的块材装饰材料,如木饰面板、防火板、石材、墙砖、金属板、环保生态木、玻璃等。

二、墙、柱面常用装饰构造

建筑墙体主要分为承重墙和非承重墙,按材质又可分为钢筋混凝土墙、加气混凝土砌块墙、砖墙和轻质隔墙等。外墙和内墙因其空气环境、光环境和风压等的不同,对装饰材料和构造做法在耐候性和强度等方面有不同的要求。内墙和柱的装饰表面材料和构造做法基本相同,根据建筑墙体材料的不同,在固定方式上应有所区别。墙面

装饰的作用是保护墙体,同时美化环境,对于有特殊要求的建筑,还能改善它的热工、声学、光学等物理性能。按饰面部位的不同可分为外墙装饰和内墙装饰两大类;按材料和施工方法不同可分为抹灰类、贴面类、涂刷类、裱糊类、镶板类、幕墙类等。

1. 隔墙与隔断装饰装修构造

隔墙是分隔房间的非承重"实墙",不灵活。隔墙不是墙,但分隔空间和拆装很灵活。

隔墙要求隔光、隔声、隔热、隔辐射、防火、防水、防盗、耐湿,具有一定强度和稳定性,用料重量轻,厚度薄,便于拆装。常见有砖墙和轻钢龙骨隔墙。

(1)砖墙。砖墙是由各种砖材砌成的墙体,主要砖材有黏土砖、多孔砖、轻质砖等,黏土砖和多孔砖的材料自重较大,为了环保和节能,也为了降低建筑的自重,目前普遍采用轻质砖作为新型墙体材料。轻质砖隔墙是用加气混凝土砌块、空心砌块及各种小型砌块等砌筑而成的轻质非承重墙。轻质砖隔墙厚度一般为 90 ~ 150mm,如图 4-3-1、图 4-3-2 所示。

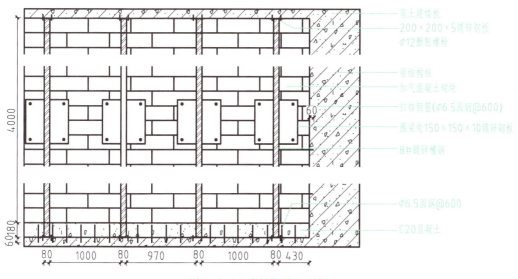

图 4-3-1　砌块隔墙立面图

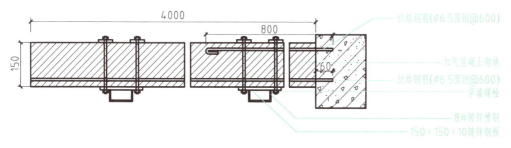

图 4-3-2　砌块隔墙横剖节点

(2)轻钢龙骨隔墙。轻钢龙骨隔墙是由轻钢龙骨和纸面石膏板组成的墙体,是当前最常见的轻质隔墙做法。轻钢龙骨隔墙常用薄壁轻型钢、铝合金或钢板型材做骨架,两侧铺钉纸面石膏板,纸面石膏板有单层或两层封闭的做法,现在绝大多数项目的石膏板隔墙均为两层石膏板封闭,单层石膏板封闭一般出现在临时建筑或者三四级建筑中。轻钢龙骨隔墙构造如图 4-3-3 ~ 图 4-3-6 所示。金属龙骨隔墙构造如图 4-3-7 所示。

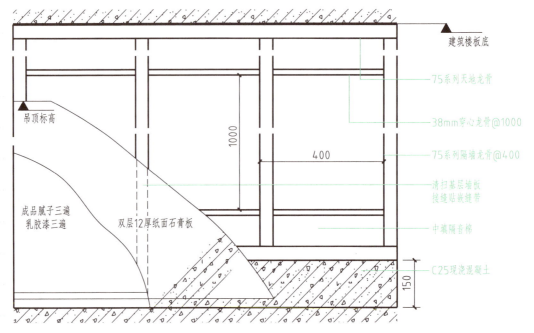

图 4-3-3 轻钢龙骨隔墙示意图

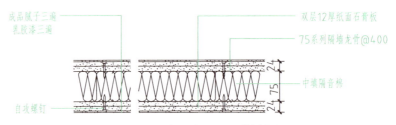

图 4-3-4 轻钢龙骨隔墙横剖节点

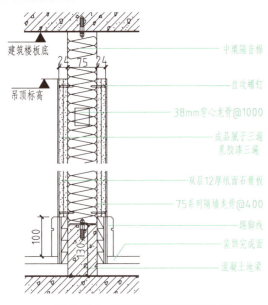

图 4-3-5 轻钢龙骨隔墙竖剖节点

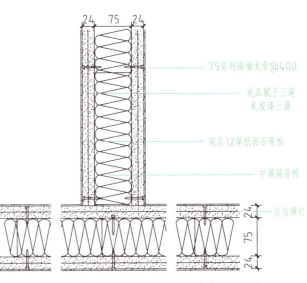

图 4-3-6 轻钢龙骨隔墙 T 形墙横剖面节点

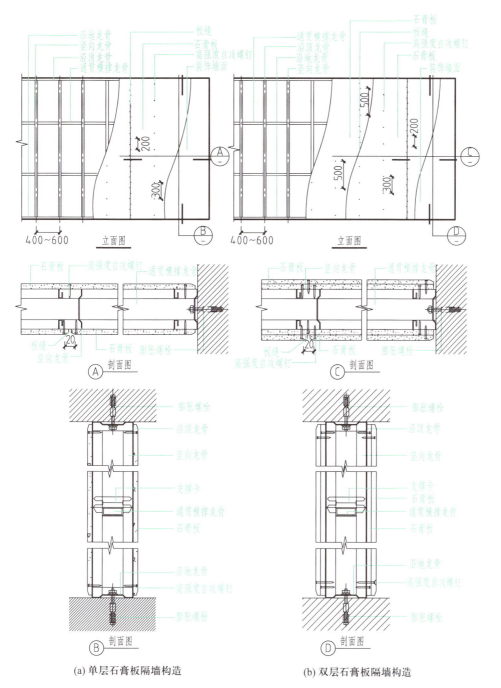

(a) 单层石膏板隔墙构造   (b) 双层石膏板隔墙构造

图 4-3-7 金属龙骨隔墙构造

2. 抹灰饰面装饰构造

抹灰饰面装饰又称水泥灰浆类饰面、砂浆类饰面,通常选用各种加色或不加色的水泥砂浆、石灰砂浆、混合砂浆、石膏砂浆、石灰膏以及水泥石渣浆等,做成各种装饰抹灰层。抹灰饰面的基本构造分为底、中、面三层抹灰,如图 4-3-8、图 4-3-9所示。

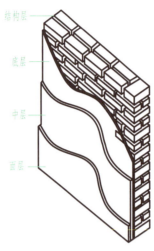

图4-3-8 抹灰类墙面构造   图4-3-9 外保温复合墙面构造

（1）底层抹灰。抹一层，其作用是保证饰面层与墙体连接牢固及饰面层的平整度。不同的基层，底层的处理方法也不同。

① 砖墙面。砖墙面粗糙、凹凸不平，一般用水泥砂浆、混合砂浆做底层，厚度10mm左右。

② 轻质砌块墙体。轻质砌块墙体底层表面空隙大、吸水性强，一般先在墙面上涂刷一层108胶封闭基层，再做底层抹灰。装饰要求较高的墙面，还应满钉细钢丝网片再做抹灰。

③ 混凝土墙体。混凝土墙体表面光滑、不易黏结，一般先在做底层之前对基层进行处理。处理方法有除油垢、凿毛、甩浆、划纹等。

（2）中层抹灰。抹一层或多层，其作用是进一步找平与黏结，弥补底层的干缩裂缝。根据要求可分一层或多层，用料与底层基本相同。

（3）面层抹灰。抹一层，根据材料和方法的不同可分为普通抹灰和装饰抹灰两类。

① 普通抹灰。普通抹灰的质量要求见表4-3-1。外墙面普通抹灰由于防水和抗冻要求比较高，一般采用1:2.5或1:3水泥砂浆抹灰，内墙面普通抹灰一般采用混合砂浆抹灰、水泥砂浆抹灰、纸筋麻刀灰抹灰和石灰膏膏灰罩面。

表4-3-1 普通抹灰的质量要求

类型	厚度/mm	分层	适用情况
普通抹灰	18	一层底灰、一层面灰	适用于简易住宅、临时房屋及辅助性用房
中级抹灰	20	一层底灰、一层中灰、一层面灰	适用于一般住宅、公共建筑、工业建筑及高级建筑物中的附属建筑

续表

类型	厚度/mm	分层	适用情况
高级抹灰	25	一层底灰、一层中灰、一层面灰	用于大型公共建筑、纪念性建筑及有特殊功能要求的高级建筑

② 装饰抹灰。装饰抹灰是采用水泥、石灰砂浆等基本材料,在进行墙面抹灰时采取特殊的施工工艺(喷涂、滚涂、弹涂、拉毛、甩毛、喷毛及搓毛等)做成饰面层。

3. 贴面类墙面装饰构造

贴面类墙面装饰是用各种饰面材料(面砖、瓷砖、陶瓷锦砖,花岗石、大理石,预制水磨石板、人造石材等)镶贴或挂贴在墙面上,其构造如图 4-3-10~图 4-3-12 所示。

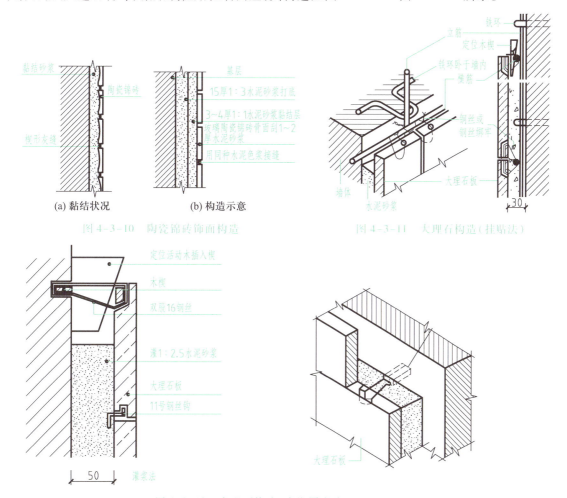

图 4-3-10　陶瓷锦砖饰面构造

图 4-3-11　大理石构造(挂贴法)

图 4-3-12　大理石构造(木楔固定法)

当石材板材单件质量大于 40kg、单块板材面积超过 1m² 或室内建筑高度在 3.5m 以上时,墙面和柱面石材采用干挂安装法。一般花岗岩类石材质地坚硬,强度较高,板材可以加大,大理石、砂岩、玉石等强度差,容易断裂,单块板材尺寸不宜大于 1m²,必要时背面采用加强肋加固。采用石材干挂做法时,石材的厚度不宜小于 20mm,若墙面高度大于 4m,建议石材厚度大于或等于 25mm,如图 4-3-13、图 4-3-14 所示。

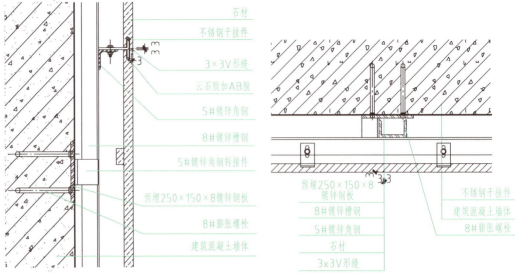

图4-3-13 石材干挂竖向剖面节点   图4-3-14 石材干挂横向剖面节点

（1）石材与加气墙相连干挂构造。在加气墙上干挂石材，需要用穿墙螺栓将钢骨架与墙体进行固定，如图4-3-15所示。

（2）石材与混凝土墙相连干挂构造。在混凝土墙的位置干挂石材，直接用膨胀螺栓将钢骨架与墙体进行固定，如图4-3-16所示。

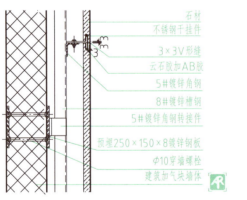

图4-3-15 加气墙的石材干挂构造做法

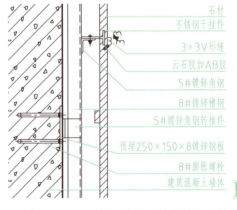

图4-3-16 混凝土墙的石材干挂构造做法

（3）石材转角部位干挂构造，如图4-3-17所示。

4. 涂刷类墙面装饰构造

将涂料涂刷于墙面而形成牢固的保护、装饰层。涂刷类饰面按墙面位置可分为外墙涂料和内墙涂料。涂刷类饰面的基本构造如下。

（1）底层。底层的作用是增加涂层与基层之间的黏附力，还兼有基层封闭剂的作用。

（2）中间层。中间层是整个涂层构造中的成型层，具有保护基层和形成装饰效果的作用。

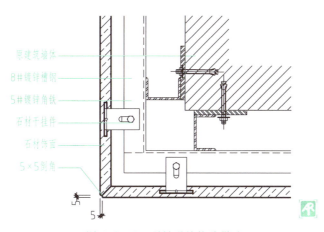

图 4-3-17　石材干挂构造做法

（3）面层。面层的作用是体现涂层的色彩和光感。

5. 裱糊类墙面装饰构造

用墙纸、布、锦缎、微薄木等，通过裱糊方式装饰墙面，具有施工方便、装饰效果好、维护保养方便等特点。一般用于室内墙面、顶棚或其他构配件表面。

裱糊类饰面材料，通常可分为墙纸饰面、墙布饰面、丝绒锦缎饰面和微薄木饰面四大类。

其中，微薄木饰面具有自然的美丽效果，但它只有壁纸的价格，是近年来的新宠。此外，还有一种软木壁纸，是用天然软木切成极薄的切片，衬贴于纸上，纸色有多种。施工时再贴于墙上，可得到温暖、柔和的感觉。

软包墙柱面是室内高级装饰做法之一，具有吸声、保温、质感舒适等特点，适用于室内有吸声要求的会议室、录音室、影剧院等空间的局部墙柱面。软包表面材料有织物、皮革等软质材料，内衬材料常用环保阻燃矿棉（海绵、泡沫塑料、综丝、玻璃棉等）等弹性材料，基层材料采用环保多层板、环保细木工板等作底板，龙骨材料常用木龙骨，龙骨宜采用不小于 20mm×30mm 的实木方材。硬包墙柱面和软包墙柱面不同之处是将内衬材料更换成有硬度的密度板。软包墙构造做法如图 4-3-18 所示。

6. 镶板类内墙装饰构造

镶板类墙柱面是指用竹、木及其制品、石膏板、矿棉板、塑料板、玻璃、薄金属板材等材料制成的饰面板，通过镶、钉、拼贴等构造方法构成的墙柱面。

（1）木饰面内墙装饰构造。国内主流木饰面安装工艺分为胶粘式和干挂式两类。胶粘式是采用免钉胶将木饰面固定于基层板上，这种固定方式是目前国内最常见的方式，适用于所有面积较小，木饰面较薄（3~9mm），且需满铺的木饰面内墙面。

干挂式是采用干挂件固定木饰面的一种安装方法，这种固定方式适用于面积较大、木饰面较厚（≥9mm）、具有一定规模的室内空间。干挂式做法对后期的拆卸维修都提供了方便。根据干挂件的不同，又分为木挂件式和金属挂件式两类。木挂件适用范围较广，可调节性好，来源广、成本低，但是不防潮，耐久性差。金属挂件性能更好，防潮，耐久性好，但成本更高。鉴于成本，一般环境常选择木挂件，潮湿环境则选择金属挂件。具体构造做法如图 4-3-19、图 4-3-20 所示。

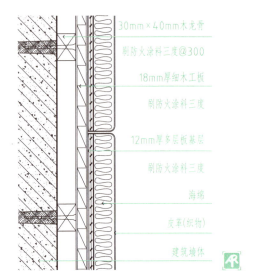

图4-3-18　软包墙构造做法

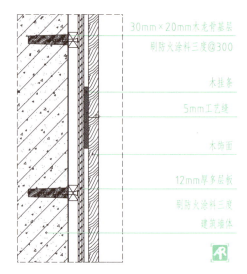

图4-3-19　木挂条木饰面内墙构造做法

（2）金属内墙装饰构造。金属面板（铝板、不锈钢板等）和金属型材用于内墙装饰具有安装方便、耐久性好、装饰性好、无污染等优点。可分为粘贴式、扣接式和嵌条式三种。

① 粘贴式单层金属板墙面。通常将金属面板粘贴在木基（由木龙骨和胶合板组成）上。单层金属面板内墙由墙体、木龙骨、胶合板底层及单层金属板面层组成，构造如图4-3-21所示，具体做法如下。

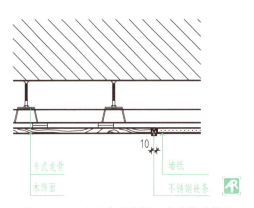

图4-3-20　卡式龙骨木饰面内墙构造做法

图4-3-21　单层金属板内墙构造

a. 预埋木砖。因墙体材料不同，预埋木砖（经防腐处理）分为三种情况。

混凝土墙体内预埋木砖：一是在混凝土浇筑时预埋；二是在混凝土墙上凿眼安装木砖，如图4-3-22所示。

砖砌体墙内预埋木砖：制作与砖尺寸相同的木砖，砌筑时放在预留处，如图4-3-23所示。

空心砖砌体内预埋木砖：制作与砖尺寸相同的木砖，把木砖放在砖砌层处（不能放在空心砖位置），如图4-3-24所示。

b. 安装墙体龙骨。将木龙骨固定在预埋木砖上，木龙骨应双向装钉，如图4-3-25所示。

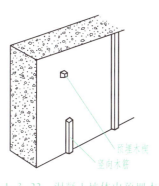

图 4-3-22 混凝土墙体内预埋木砖

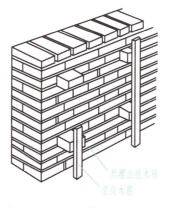

图 4-3-23 砖砌体墙内预埋木砖

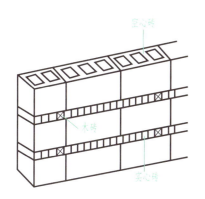

图 4-3-24 空心砖砌体内预埋木砖

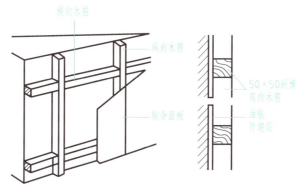

图 4-3-25 安装木龙骨和胶合板

c. 安装胶合板。木龙骨安装完后,用扁头钉将胶合板钉在木龙骨上。

d. 粘贴单层铝板。清理粘结面,处理铝板缝边,涂胶,凉放,施力粘贴使其紧密结合。

e. 板缝处理。单层金属板墙面板缝处理有三种方式。

镶嵌耐候胶板缝:板缝控制宽度(6~10mm),粘贴单层金属板时,板边扣住胶合板,镶嵌耐候胶板缝,如图 4-3-26 所示。

镶嵌金属槽条板缝:镶嵌金属槽条板缝如图 4-3-27 所示。

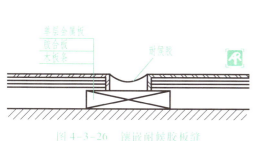

图 4-3-26 镶嵌耐候胶板缝

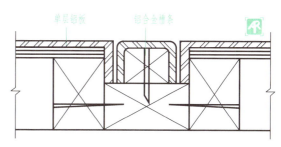

图 4-3-27 镶嵌金属槽条板缝

直接卡口式板缝:如图 4-3-28 所示,在安装单层金属面板之前,先在板缝位置上安装金属卡口槽,然后将单层金属板直接插进卡口槽内。

f. 阴角处理。阴角处两胶合板成90°相交,单层金属板也成90°相交,在接缝处压贴角铝,如图4-3-29所示。

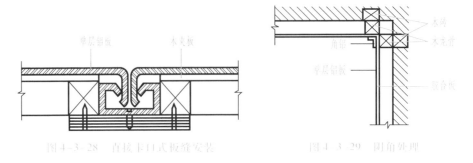

图4-3-28   直接卡口式板缝安装   图4-3-29   阴角处理

g. 阳角处理。

用金属型材扣压在阳角的金属饰面角缝上,如图4-3-30所示。

在阳角处直接镶嵌金属型材,如图4-3-31所示。

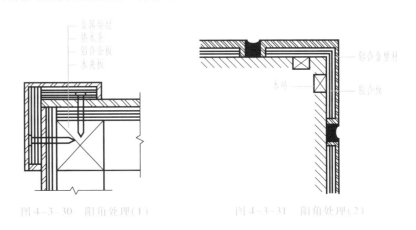

图4-3-30   阳角处理(1)   图4-3-31   阳角处理(2)

② 扣接式金属板墙面。将金属条板相互扣接在墙面上,用螺栓将条板固定在墙体的龙骨上。

扣接式金属板墙面构造如图4-3-32所示。图4-3-33所示为已安装好的铝板金板条内墙立面图。

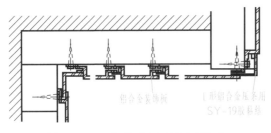
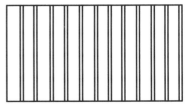

图4-3-32   扣接式金属板墙面构造   图4-3-33   铝板金板条内墙立面图

扣接式金属板墙面构造具体做法如下。

a. 固定连接件。连接件是将龙骨与墙体连接在一起的构件。连接件与墙体固定方法有预埋锚固件固定和用膨胀螺栓固定两种。

预埋锚固件固定:浇筑混凝土墙体时安放预埋件,将连接件焊接在预埋件上。

用膨胀螺栓固定:用膨胀螺栓将连接件固定在墙体上。

b. 安装墙体龙骨。把龙骨与连接件固定一起,安装要牢固、平整,符合施工规范。

c. 金属罩面板安装。金属罩面板的排列及扣接式金属条板的安装顺序如图 4-3-34 所示。金属面板安装和固定如图 4-3-35 所示。

 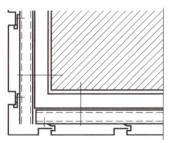

图 4-3-34　金属罩面板的排列和扣接式 　　　　图 4-3-35　金属面板安装和固定
　　　　　　金属条板的安装顺序

d. 扣接式构造转角处理。

阳角处理:扣接式阳角处理如图 4-3-36 所示,在阳角处用相同金属材料做一个包角。

阴角处理:扣接式阴角处理如图 4-3-37 所示,直接利用扣板管尾垂直相接并用螺钉固定。

图 4-3-36　扣接式阳角处理　　　　图 4-3-37　扣接式阴角处理

e. 上下端部处理。室内顶面于地面与金属面板交接处,用封边的金属角进行处理,如图 4-3-38 所示。

③ 嵌条式金属板墙面。用特制的墙体龙骨,将金属面板(条板)卡在特制的墙体龙骨上,构造如图 4-3-39 所示,具体做法如下。

a. 固定连接件。

b. 安装墙体龙骨。

c. 嵌条式构造转角处理。

嵌条式阳角处理如图 4-3-40 所示,嵌条式阴角处理如图 4-3-41 所示。

7. 幕墙类饰面装饰装修构造

幕墙是能将建筑使用功能与装饰功能融为一体的建筑外围护结构和外墙饰面。

(1)幕墙的类型。幕墙按镶嵌材料可分为玻璃幕墙、金属板幕墙、非金属板幕墙。按幕墙安装形式(或加工程度)可分为元件式、单元式、元件单元式。

(2)玻璃幕墙。玻璃幕墙一般由结构框架、填衬材料和幕墙玻璃组成;根据施工

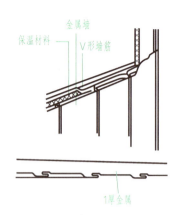

图 4-3-38 上下端部处理   图 4-3-39 嵌条式金属板墙面构造

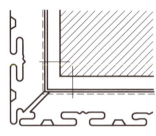

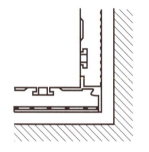

图 4-3-40 嵌条式阳角处理   图 4-3-41 嵌条式阴角处理

方法的不同可分为现场组合的分件式玻璃幕墙和工厂预制后再到现场安装的板块式玻璃幕墙两种。分件式玻璃幕墙如图 4-3-42 所示。

目前生产厂家的产品系列不太一样,图 4-3-43、图 4-3-44 所示是其中用得最广泛的显框系列玻璃幕墙型材和玻璃组合形式。

隐框式玻璃幕墙构造如图 4-3-45 所示。

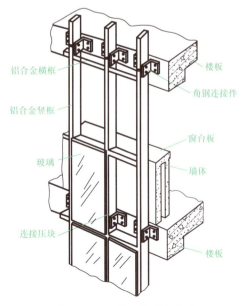

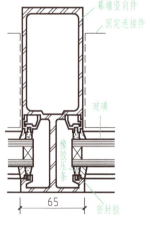

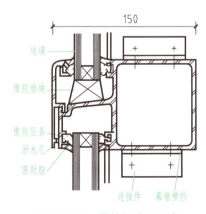

图 4-3-42 分件式玻璃幕墙   图 4-3-43 竖梃与玻璃组合   图 4-3-44 横挡与玻璃组合

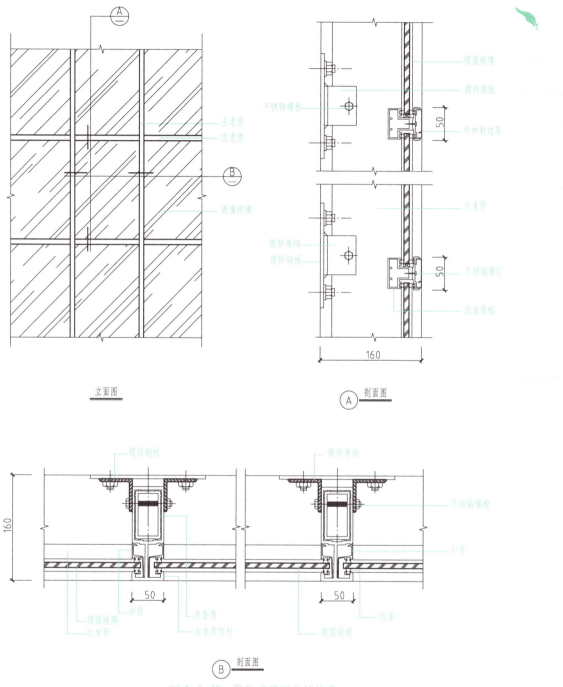

图 4-3-45　隐框式玻璃幕墙构造

（3）石板幕墙。石板幕墙具有耐久性好、自重大、造价高的特点，主要用于重要的、有纪念意义或装修要求特别高的建筑物。

① 石板幕墙需选用装饰性强、耐久性好、强度高的石材加工而成。应根据石板与建筑主体结构的连接方式，对石板进行开孔槽加工。石板的尺寸在 $1\mathrm{m}^2$ 以内，厚度为 $20\sim30\mathrm{mm}$，常用 $25\mathrm{mm}$。

　　② 石板与建筑主体结构的装配连接方式有两种：一种是干挂法，如图 4-3-46 所示。另一种是采用与隐框式玻璃幕墙相类似的结构装配组件法。

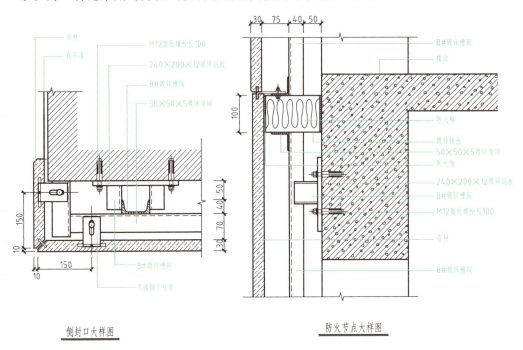

側封口大样图　　　　　　　　　防火节点大样图

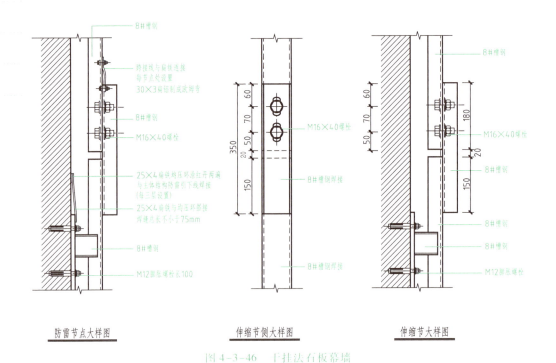

防雷节点大样图　　　　　　伸缩节侧大样图　　　　　　伸缩节大样图

图 4-3-46　干挂法石板幕墙

　　石板幕墙往往配合隐框式玻璃幕墙、玻璃窗一起使用。图 4-3-47 所示为一隐框式花岗石板幕墙的构造。

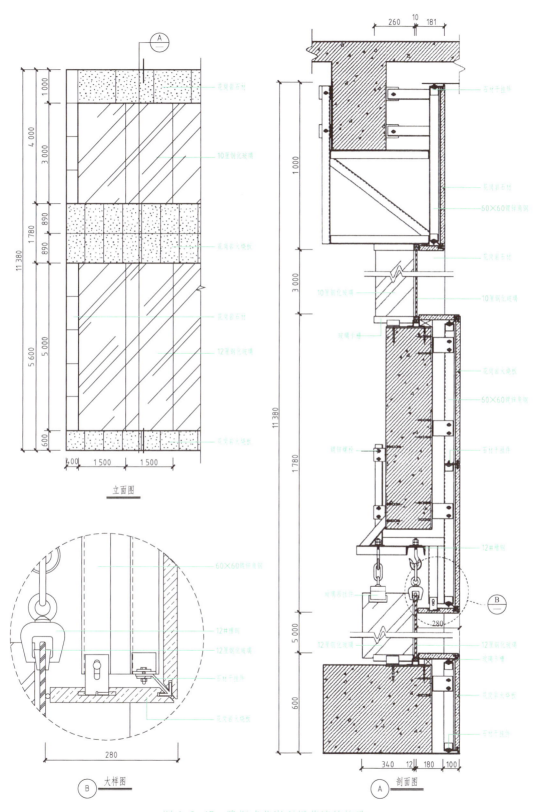

图 4-3-47　隐框式花岗石板幕墙的构造

8. 柱装饰装修构造

柱的装饰装修,工程量不大,但柱所处的位置显著,与人的视线接触频繁,是室内装饰装修的重点部分,如图4-3-48、图4-3-49所示。

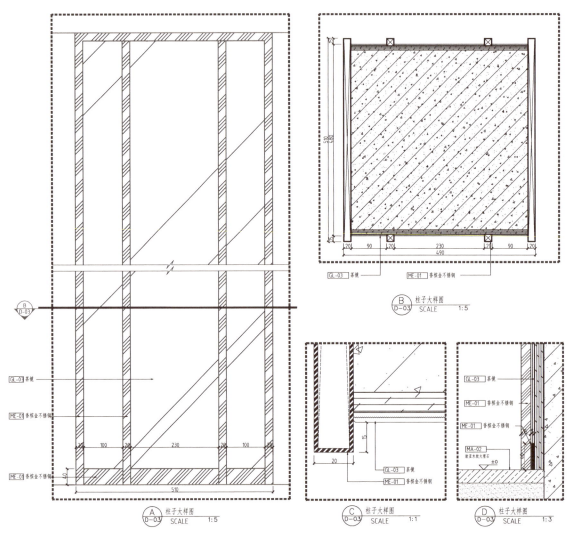

图4-3-48　木饰面装饰柱节点大样图

9. 常见墙面材料搭接装饰构造

(1)石材墙和硬包造型搭接构造做法,如图4-3-50所示。

(2)石材墙和发光墙搭接构造做法,如图4-3-51所示。

(3)石材墙和车边镜造型搭接构造做法,如图4-3-52所示。

(4)石材墙与不锈钢造型搭接构造做法,如图4-3-53所示。

(5)木饰面墙和墙纸搭接构造做法,如图4-3-54所示。

(6)木饰面墙和软包造型搭接构造做法,如图4-3-55所示。

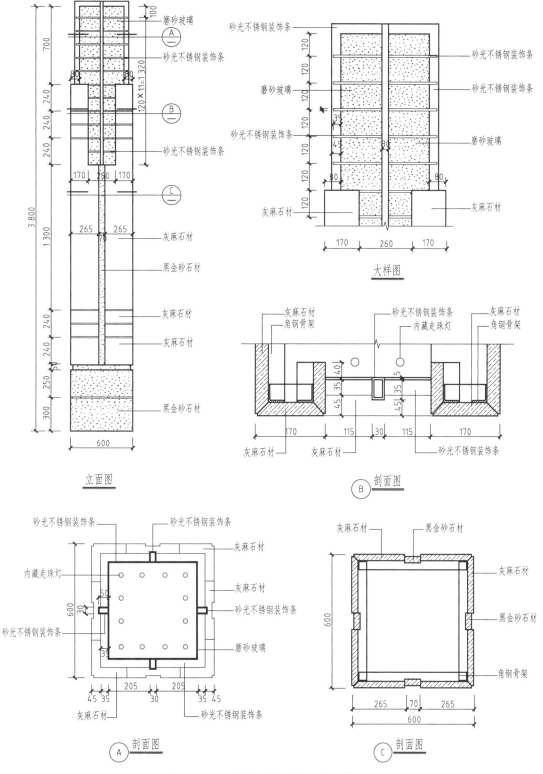

图 4-3-19　石柱饰面装饰节点立剖图

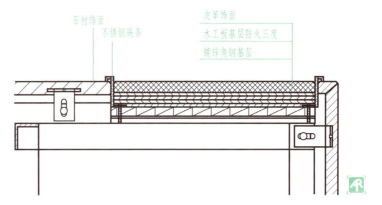

石材饰面
不锈钢嵌条
皮革饰面
木工板基层防火三度
镀锌角钢基层

图4-3-50　石材墙和硬包造型搭接构造做法

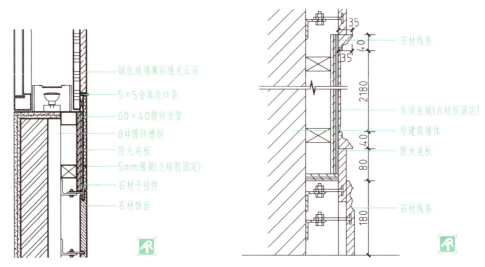

钢化玻璃喷贴透光云石
5×5金属收口条
60×40镀锌方管
8#镀锌槽钢
防火夹板
5mm银镜(点硅胶固定)
石材干挂件
石材饰面

图4-3-51　石材墙和发光墙搭接构造做法

石材线条
车边灰镜(点硅胶固定)
原建筑墙体
防火夹板
石材线条

图4-3-52　石材墙和车边镜搭接构造做法

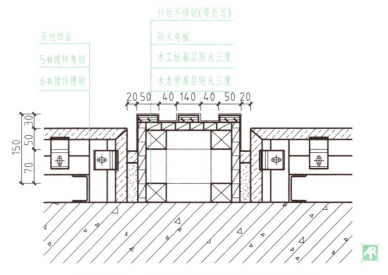

石材饰面
5#镀锌角钢
6#镀锌槽钢
拉丝不锈钢(带折边)
防火夹板
木工板基层防火三度
木龙骨基层防火三度

图4-3-53　石材墙与不锈钢造型搭接构造做法

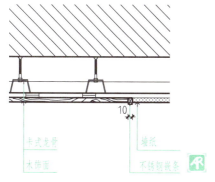

图4-3-54　木饰面墙和墙纸搭接构造做法

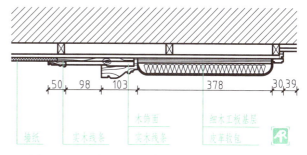

图4-3-55　木饰面墙和软包造型搭接构造做法

4.3.3　墙、柱面装饰施工图绘制要求和绘制步骤

墙、柱面装饰施工图是能完整反映墙、柱面造型及与地面、顶面装修关系的装饰施工图。

墙、柱面装饰施工图应包括墙立面图,隔墙立面图,柱立面图,墙、柱剖面节点详图。

上述墙、柱面装饰施工图的内容仅指所需表示的范围,当设计对象较为简单时,根据具体情况可将上述几项内容合并,减少图纸数量。

一、墙立面图
1. 墙立面图绘制要求(图4-3-56)

(1)应标明立面范围内的轴线和轴线编号,标注立面两端轴线之间的尺寸及需要设计部位的立面尺寸。

(2)应绘制立面左右两端的墙体构造或界面轮廓线、原楼地面至装修楼地面的构造层、顶棚面层、装饰装修的构造层。

(3)应标注顶棚(天花)剖切部位的定位尺寸及其他相关尺寸,标注地面标高、建筑层高和顶棚(天花)净高。

(4)应绘制墙面的装饰造型、固定隔断、固定家具、装饰配置、饰品、广告灯箱、门窗、栏杆、台阶等的位置,标注定位尺寸及其他相关尺寸。非固定物如可移动的家具、艺术品、陈设品及小件家电等一般不需绘制。

(5)应标注立面和顶棚(天花)剖切部位的装饰材料种类、材料分块尺寸、材料拼接线和分界线定位尺寸等。

(6)应标注立面上的灯饰、电源插座、通信和电视信号插孔、空调控制器、开关、按钮、消火栓等的位置及定位尺寸,标明材料种类、产品型号和编号、施工做法等。

(7)应注明该立面的立面图号、图名和制图比例。

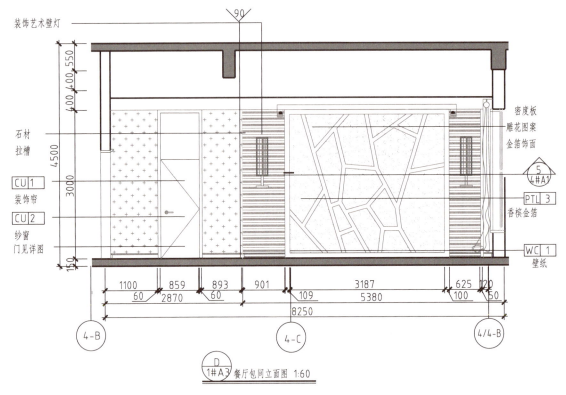

图 4-3-56   墙立面图

（8）对需要特殊和详细表达的部位，可单独绘制其局部立面大样和剖面节点图，并标明其索引位置。

2. 墙立面图绘制步骤（以图 4-3-57 为例）

（1）以粗实线绘制原楼板和墙面轮廓线，以中实线绘制装饰完成面，如地面装饰面、墙立面轮廓线、顶部剖面轮廓线。

（2）绘制出墙面设计造型，有凹凸的可标示凹凸符号，如洞口、壁龛等。

（3）绘制墙面装饰材料分割线及明露构件。

（4）分别绘制出不同装饰材料的图例。

（5）在图外标注墙面总尺寸和各造型分部尺寸。

（6）在图内标注墙面较小造型的详细尺寸。

（7）墙立面在轴线位置需标注轴号，可不标轴线尺寸。

（8）绘制引线，文字标注造型做法和装饰材料名称，标注装饰材料编号。

（9）标注墙立面索引位置及符号。

（10）标注图名及比例。

二、柱立面图

1. 柱立面图绘制要求

（1）表达出柱的可见装修造型及与地面和顶棚的关系。

（2）表达柱面的装饰材料及说明。

（3）表达出柱面的灯具造型、陈设品分布位置等相互之间的关系（视具体情况而定）。

微课
柱立面图绘制

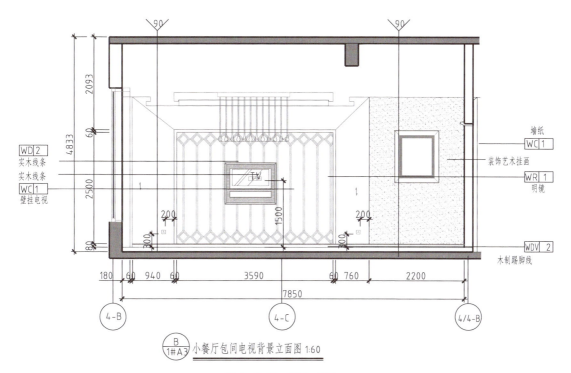

图 4-3-57　墙立面图

（4）表达出柱面造型的总尺寸和分部尺寸，表达出柱面固定灯具、插座等设备的定位尺寸及其他相关尺寸。

（5）表达出该柱立面的立面图号、图名和制图比例。

（6）对需要特殊和详细表达的部位，可单独绘制其局部大样和剖面节点图，并标明其索引位置。

2. 柱立面图绘制步骤（以图 4-3-58 为例）

（1）绘制柱立面轮廓线。

（2）绘制出柱面设计造型，有凹凸的可标示凹凸符号，如洞口等。

（3）绘制柱面装饰材料分割线及明露构件。

（4）分别绘制出不同装饰材料的图例。

（5）在图外标注柱面总尺寸和各造型分部尺寸。

（6）绘制引线、文字标注造型做法和装饰材料名称，标注装饰材料编号。

（7）标注柱立面索引位置及符号。

（8）局部放大图可用虚线圆及虚线引出，绘制在柱立面旁边。

（9）标注图名及比例。

三、墙、柱剖面节点详图

1. 墙、柱剖面节点详图绘制要求（图 4-3-59、图 4-3-60）

（1）表达出被剖切后的墙、柱面装修的断面形式。

（2）表达出在投视方向未被剖切到的可见装修内容。

（3）表达出剖面的装修材料及说明。

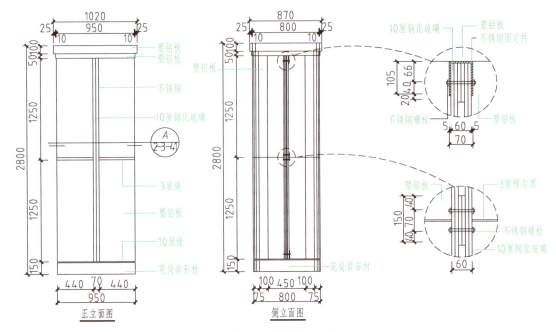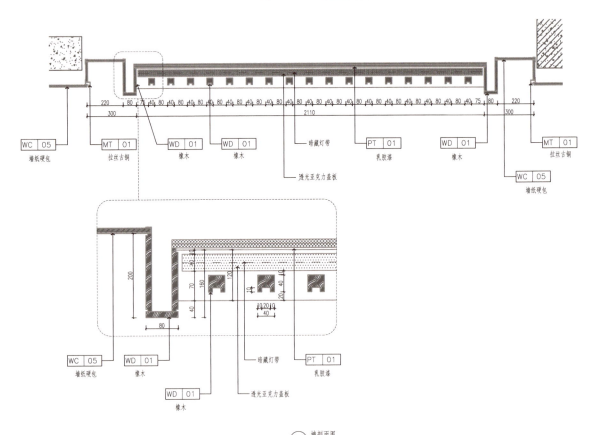

图 4-3-58 柱立面图

图 4-3-59 墙剖面图

（4）表达出详细的装修尺寸。

（5）表达出节点剖切索引号、大样索引号。

（6）注明详图符号、图名及比例。

2. 墙、柱剖面节点详图绘制步骤（以图 4-3-60 为例）

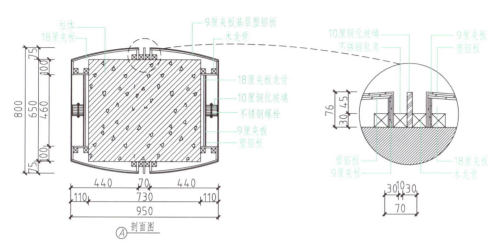

图 4-3-60　柱剖面节点详图

（1）绘制柱体建筑结构剖面。

（2）按照柱的构造顺序绘制木龙骨、木基层板、铝塑板、钢化玻璃造型（含紧固件）等。

（3）绘制各断面构造内的材料图例。

（4）标注详细施工尺寸、材料及工艺要求。

（5）标注索引位置及符号。

（6）局部放大图可用虚线圆及虚线引出，绘制在旁边。

（7）标注详图符号、图名和比例。

任务实施：墙、柱面装饰施工图绘制

一、任务条件

给出某空间设计方案效果图或现场照片，如图 4-3-61 所示卧室，平面尺寸为 4.2m×3.6m，层高 3.0m，主墙面为墙纸贴面，白色实木线装饰，白色护墙板造型，床头墙面为装饰布软包，白色实木线镶边。

二、任务要求

根据卧室的设计方案，绘制墙面装饰施工图，包括立面图、剖面图、节点大样图等。

1. 深化设计能力训练

（1）根据卧室的墙面设计方案，调研相关主材与辅材，完成表 4-3-2 所示工作页 4-3（墙面装饰材料调研表）。

（2）根据卧室的墙面装饰方案设计内部构造，画出墙面软包造型构造的节点图、护墙板构造的节点图等。

2. 卧室墙面装饰施工图绘制

根据某卧室墙面方案设计图完成一套墙面装饰施工图，见表 4-3-3。

图 4-3-61　卧室

表 4-3-2　工作页 4-3(墙面装饰材料调研表)

项次	项目	材料	规格	品牌、性能描述、构造做法	价格
1	龙骨				
2	基层				
3	面层				
4	辅材				

表 4-3-3　根据某卧室墙面方案设计图完成一套墙面装饰施工图

任务	绘制卧室墙面装饰施工图
学习领域	墙面装饰施工图绘制
行动描述	教师给出卧室墙面设计方案,提出施工图绘制要求。学生做出深化设计方案,按照墙、柱面装饰施工图绘制的内容和要求,绘制出墙面装饰施工图,并按照制图标准、图面原则设置。输出施工图后,学生自评,教师点评
工作岗位	设计员、施工员
工作依据	《房屋建筑室内装饰装修制图标准》(JGJ/T 244—2011)、《内装修——墙面装修》(13J 502-1)、《内装修——细部构造》(16J 502-4)
工作方法	1. 分析任务书,识读设计方案,调研装饰材料和装饰构造; 2. 确定装饰构造方案,制图方法决策; 3. 制订制图计划; 4. 现场测量,尺寸复核,确定完成面; 5. 完成墙立面图、墙构造节点大样图; 6. 编制主要材料表,根据项目编制施工说明; 7. 输出墙面装饰施工图文件; 8. 墙面装饰施工图自审,检测设计完成度,以及设计结果; 9. 现场施工技术交底,墙面装饰施工图会审
预期目标	通过实践训练,进一步掌握墙面装饰施工图的绘制内容和绘制方法

3. 卧室墙面装饰施工图绘制流程

（1）进行技术准备。

① 识读设计方案。识读墙面设计方案，了解墙面方案设计立意，明确墙面装饰材料，墙面造型设计，墙面尺寸要求。

② 现场尺寸复核。根据墙面图进行尺寸复核，测量现场尺寸，检查墙面设计方案的实施是否存在问题。

③ 深化设计。根据墙面设计方案，确定墙构造形式，进行龙骨、面层、搭接方式等的深化设计，绘制大样草图。

（2）工具、资料准备。

① 工具准备：记录本、笔、计算机。

② 资料准备：《房屋建筑制图统一标准》（GB/T 50001—2017）、《房屋建筑室内装饰装修制图标准》（JGJ/T 244—2011）、《内装修——墙面装修》（13J 502-1）、《内装修——细部构造》（16J 502-4）。

（3）按照计划绘制墙面装饰施工图。学生按照绘图计划完成墙面装饰施工图的绘制。

三、评分标准

墙、柱面装饰施工图绘制见表 4-3-4。

表 4-3-4　墙、柱面装饰施工图绘制评分标准（10 分）

序号	评分内容	评分说明	分值
1	绘制内容	墙柱立面图、剖面图、节点大样图等图纸齐全，内容完整，表达清晰。立面造型符合设计要求，构造做法合理	4
2	绘制深度	按照比例正确设置界面绘制深度、尺寸标注深度和断面绘制深度	2
3	尺寸与文字	材料有编号，标注齐全，尺寸标注完整，字体、字号统一、尺寸标注样式统一	2
4	制图标准	比例选用合理，线宽、线型正确合理，标高、索引符号表达正确，尺寸标注符合标准，图例选择正确	2

任务 4.4　固定家具装饰施工图绘制

任务目标

根据装饰设计方案图，明确固定家具装饰施工图需要绘制的内容，熟悉固定家具的常用材料，掌握固定家具的装饰构造做法，掌握固定家具装饰施工图绘制要求，按照项目要求进行固定家具的深化设计，完成固定家具装饰施工图的绘制

任务描述

• 任务内容

根据装饰方案图，绘制固定家具装饰施工图。

● **实施条件**

1. 固定家具效果图和方案图。

2.《房屋建筑制图统一标准》(GB/T 50001—2017)、《房屋建筑室内装饰装修制图标准》(JGJ/T 244—2011)。

知识准备

4.4.1   固定家具及其装饰施工图概念

固定家具是指固定的、不可移动的家具,也是针对可移动家具而言的。固定家具也称建入式(Built-in)家具或嵌入式家具,与建筑结合为一体。按其固定的位置不同,可分别固定在地面、墙面、顶面或是嵌入墙体内。其最大的好处是可根据空间尺度、使用要求及格调量身定做。由于根据现场条件制作、组装,可使空间得到充分利用,能够有效使用剩余空间,减少了单体式家具容易造成的杂乱、拥挤感,使空间免于凌乱和堵塞,但这些家具也有不能自由移动、摆放以适应新的功能需要的局限。

在装饰装修中,人们往往会需要制作一些固定家具,这些固定家具有的是由工人现场制作安装,也有的是在工厂制作完成后现场安装,不管是哪一种方式,都需要根据现场尺寸量身定做。因此,就必须绘制相对应的施工图纸,就像装修工程中的其他项目如墙、顶棚、地面一样需要有施工图纸,所以固定家具装饰施工图纸由此产生。固定家具装饰施工图是能完整反映固定家具造型及其与相关联灯具、设备构造关系的装饰施工图。

4.4.2   固定家具装饰材料与构造

一、常用材料

动画
橱柜装饰施工图绘制

材料是构成家具的物质基础,固定家具的选材应符合具体的功能要求,如吧台、厨房操作台的台面在满足耐水、耐热、耐油的基本条件下,同时又要坚固和美观。固定家具所用的材料与移动家具所用材料几乎没什么区别,甚至好多移动家具不方便使用的材料在固定家具上却很好用,如玻璃、大理石、马赛克等。不同的材质及不同的加工手段会产生不同的结构形式和不同的造型特征或表现力,如华丽、质朴或是厚重、轻盈等。按用量大小,固定家具的用材可分为主材和辅材。

主材:木材、竹藤、金属、塑料、玻璃、石材、陶瓷、皮革、织物以及合成纸类等。

辅材:胶料、各种五金件(很多五金件既有连接、紧固以及开启、关闭等实用价值,也有装饰功能。常用五金件包括铰链、拉手、锁、插销、滑轮、滑道、搁板支架、砰珠、牵筋及各种钉等)。

按材料的功能或使用部位,固定家具材料的选择首先依据装饰设计方案的要求而定,一般情况下,材料可分为结构材料和饰面材料两大类(有些时候家具的结构材料也可以作为饰面材料,如裸露骨架的家具)。固定家具的外观效果主要取决于饰面材料,采用单一材质的家具,会显得整体而单纯,若采用多种材质,则会富于对比和变化。

1. 结构材料

结构材料主要用于棚架、造型,起支撑、固定和承重的作用。结构材料有木质和金属两大类。

（1）木质结构材料。可分为木实材和木板材。

① 木实材：是指各种原木材料，如松木中的红松、白松、黑松等。针叶树种和软阔叶树种通常材质较软，大部分没有美丽花纹及材色，多数作为家具内部用材。阔叶树种材质较硬，纹理色泽美观，如山毛榉、胡桃木、枫木、樱桃木、柚木等。而花梨木、酸枝、紫檀、鸡翅木则是我国明代家具的主要用材。

② 木板材：由于近年来木材资源紧张，除少数部件必须使用实材外，大部分采用木夹板、细木工板、刨花板、纤维板、三聚氰胺板等。

木夹板，也称胶合板，业内俗称细芯板。由三层或多层 1mm 厚的单板或薄板胶贴热压而成，是目前手工制作家具最为常用的材料。夹板一般分为 3 厘板、5 厘板、9 厘板、12 厘板、15 厘板和 18 厘板六种规格。

细木工板，业内俗称大芯板。大芯板是由两片单板中间粘压拼接木板而成。大芯板的价格比细芯板要便宜，其竖向（以芯材走向区分）抗弯压强度差，但横向抗弯压强度较高。

刨花板，是用木材碎料为主要原料，再添加胶水、添加剂经压制而成的薄型板材。按压制方法可分为挤压刨花板、平压刨花板两类。此类板材主要优点是价格极其便宜，其缺点也很明显，即强度极差。一般不适宜制作较大型或者有力学要求的家具。

纤维板，也称密度板。是以木质纤维或其他植物纤维为原料，施加脲醛树脂或其他适用的胶粘剂制成的人造板材，按其密度的不同，分为高密度板、中密度板、低密度板。密度板由于质软耐冲击，也容易再加工。在国外，密度板是制作家具的一种良好材料，但由于国家关于高密度板的标准比国际的标准低数倍，所以，密度板在我国的使用质量还有待提高。

三聚氰胺板，全称是三聚氰胺浸渍胶膜纸饰面人造板。是将带有不同颜色或纹理的纸放入三聚氰胺树脂胶粘剂中浸泡，然后干燥到一定固化程度，将其铺装在刨花板、中密度纤维板或硬质纤维板表面，经热压而成的装饰板。

（2）金属结构材料。金属结构材料有角铁、方管、圆管、铝合金等型材。主要是用在墙上的置物搁板、吊柜等处。

2. 饰面材料

饰面材料也叫装饰面板，俗称面板。包括木饰面板、防火板、金属饰面板等。

（1）木饰面板。木饰面板是将实木板精密刨切成厚度为 0.2mm 左右的微薄木皮，以夹板为基材，经过胶粘工艺制做而成的具有单面装饰作用的装饰板材。它是夹板存在的特殊方式，厚度为 3cm。木饰面板是目前有别于混油做法的一种高级装修材料。

（2）防火板。防火板又名耐火板，或高压装饰板。防火板是采用硅质材料或钙质材料为主要原料，与一定比例的纤维材料、轻质骨料、粘合剂和化学添加剂混合，经蒸压技术制成的装饰板材。是目前越来越多使用的一种新型材料，其使用不仅仅是因为防火的因素，具有耐磨、耐热、耐撞击、耐酸碱、耐烟灼、防火、防菌、防霉及抗静电的特性。防火板的施工对于粘贴胶水的要求比较高，质量较好的防火板，其价格也比装饰面板高。防火板一般用于台面、桌面、墙面、橱柜、办公家具、吊柜等的表面。常用规格有 2135mm×915mm、2440mm×915mm、2440mm×1220mm，厚 0.6～1.2mm。

防火板有以下几种。

① 平面彩色雅面和光面系列:朴素光洁,耐污耐磨,适用于餐厅、吧台的饰面、贴面。

② 木纹雅面和光面系列:华贵大方,经久耐用,适用于家具、家电饰面及活动式吊顶。

③ 皮革颜色雅面和光面系列:易于清洗,适用于装饰厨具、壁板、栏杆扶手等。

④ 石材颜色雅面和光面系列:不易磨损,适用于室内墙面、厅堂的柜台、墙裙等。

⑤ 细格几何图案雅面和光面系列:该系列适用于镶贴窗台板、踢脚板的表面,以及防火门扇、壁板、计算机工作台等。

（3）金属饰面板。金属饰面板在室内固定家具设计中的使用不是很多,也有运用在公共空间固定家具的装饰上,可以装饰整个立面,也可以作为镶嵌来装饰家具的界面,起到画龙点睛的作用。

种类:金属饰面板一般有彩色铝合金饰面板、彩色涂层镀锌钢饰面板和不锈钢饰面板三种。

特点:它具有自重轻、安装简便、耐候性好的特点,更突出的是可以使装饰物的外观色彩鲜艳、线条清晰、庄重典雅,这种独特的装饰效果受到设计师的青睐。

二、固定家具的构造

固定家具是建筑装饰装修现场施工中工程量很大的一项工程内容,常见的表现形式有入墙柜、固定柜台等家具。

1. 入墙柜

入墙柜的构造主要有两类:一是与建筑相依;二是与建筑相嵌。

它与活动的框式家具相比,结构形式基本相同。不同的地方有两点:一是家具的部分外表面被建筑物遮挡,因此不需要采用高档饰面板,只要采用基层板即可。二是在家具与建筑的连接部位需要用一根贴缝的装饰木线条收口,从而达到"天衣无缝"的目测效果,如图 4-4-1 ~ 图 4-4-5 所示。

2. 固定柜台

银行柜台、报关柜台等出于安全的要求都要与地面紧密连接,因此是不可搬动的固定家具。这类家具构造的关键在于它与地面的连接。

（1）钢骨架连接构造。在较长的台、架中,较多采用钢骨架。它一般是采用角钢焊制,先焊成框架,再定位安装固定。它与地面、墙面的连接,一般是用膨胀螺栓直接固定,也可用预埋铁件与角钢架焊接固定。

① 钢骨架与木饰面结合。需要在钢骨架上用螺栓固定数条木方骨架,也可固定厚胶合板,以保证钢骨架与木饰面结合稳妥。

② 钢骨架与石板饰面结合。需要在钢骨架上有关对应部位焊覆钢丝网抹灰并预埋钢丝或不锈钢丝,以便于粘接和绑扎石板饰面,如图 4-4-6 所示。

（2）混凝土或砖砌骨架连接构造。当采用混凝土或砌砖方式设置基础骨架时,可在其面层直接镶贴大理石或花岗岩面板,如图 4-4-7 所示。

① 与木结构结合。应在相关结合部位预埋防腐木块,并用素水泥浆将该面抹平修整,木块平面与水泥面一样平。

② 与金属管件结合。在其侧面与之连接时也应预埋连接件,或将金属管事先直接埋入骨架中。

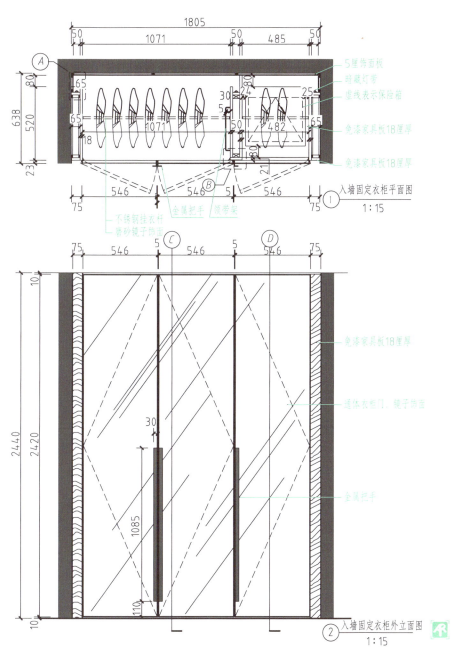

图 4-4-1　入墙柜的平面图和外立面图

（3）活动家具的构造。小体量的活动家具一般都是在成品家具厂选购的。建筑装饰装修工程中的活动橱柜一般指体量比较大的搬动不方便的家具。这类家具除了不需要与建筑固定连接，其他构造和制作工艺与固定家具无异，如图 4-4-8 所示。

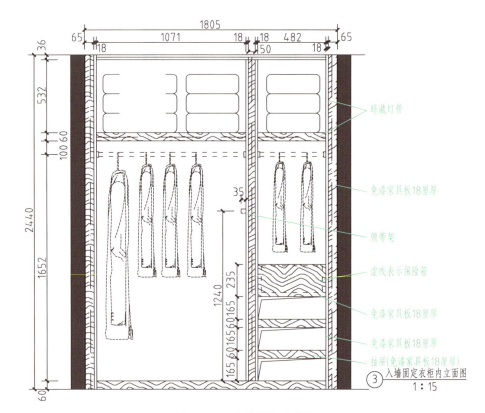

图 4-4-2　入墙柜内立面图

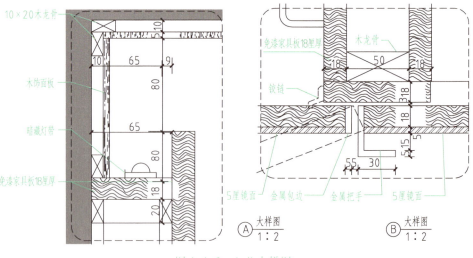

图 4-4-3　A、B 大样图

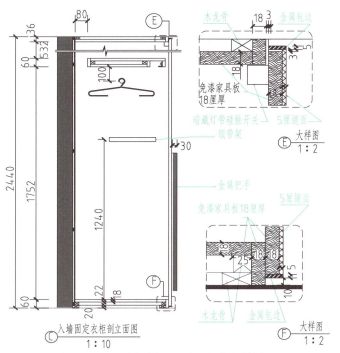

木龙骨　　18　3　金属包边
免漆家具板
18厘厚
暗藏灯带碰触开关　　5厘镜面
领带架
金属把手
免漆家具板18厘厚　　5厘镜面
木龙骨　　金属包边

E 大样图
1：2

F 大样图
1：2

入墙固定衣柜剖立面图
C 1：10

图 4-4-4　入墙柜剖立面图和部分大样图(1)

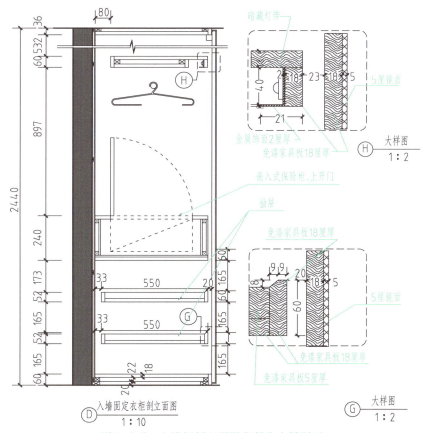

暗藏灯带
5厘镜面
金属饰面2厘厚
免漆家具板18厘厚
H 大样图
1：2

嵌入式保险柜,上开门
抽屉
免漆家具板18厘厚
5厘镜面
免漆家具板18厘厚
免漆家具板5厘厚
G 大样图
1：2

入墙固定衣柜剖立面图
D 1：10

图 4-4-5　入墙柜剖立面图和部分大样图(2)

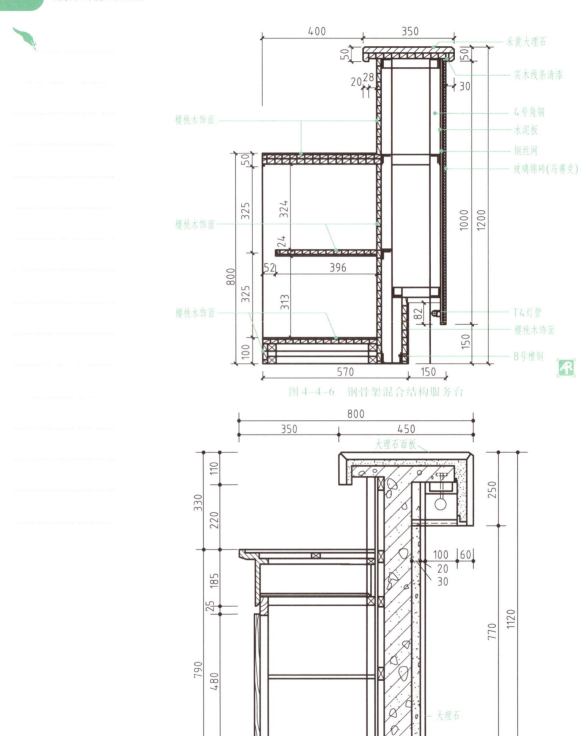

图 4-4-6　钢骨架混合结构服务台

图 4-4-7　混凝土骨架结构服务台

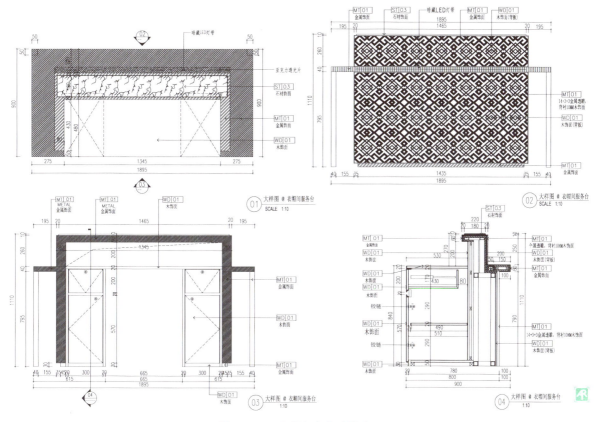

图 4-4-8　总服务台构造做法

4.4.3　固定家具装饰施工图绘制要求和绘制步骤

固定家具装饰施工图绘制内容应包括平面家具布置图（是指室内平面布置图中家具的具体平面位置图）、家具平面图、家具立面图、家具剖面图、局部大样图和家具节点详图。

制图应符合装饰装修制图标准，图纸应能全面、完整地反映固定家具装饰装修工程的全部内容，作为施工的依据。对于在装饰施工图中未画出的常规做法或者是重复做法的部位，应在施工图中给予说明。

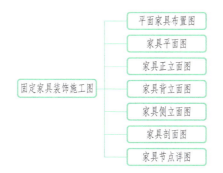

课件
固定家具平面图绘制

微课
固定家具平面图绘制

一、固定家具平面图
1. 固定家具平面图绘制要求
（1）标明家具与房间建筑结构的关系，标明轴线编号，标明房间的名称。

（2）标明家具的位置和家具的名称、尺寸。

（3）标明家具门开启的方向和方式。

（4）标注装饰装修材料的品种和规格,标明装饰装修材料的拼接线和分界线等。

（5）标注索引符号、编号、图纸名称和制图比例。

（6）其他相关内容。

2. 固定家具平面图绘制步骤（以图 4-4-9 为例）

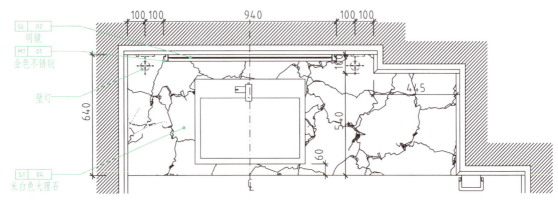

图 4-4-9　家具平面图

该图为服务台平面图。

（1）绘制固定家具所在平面位置及家具平面轮廓线。

（2）绘制出固定家具平面设计造型。

（3）绘制固定家具平面装饰材料分割线及明露构件。

（4）分别绘制出不同装饰材料的图例。

（5）在图外标注固定家具总尺寸和各造型分部尺寸,标注不下的详细尺寸可在图内标注。

（6）绘制引线,文字标注造型做法和装饰材料名称,标注装饰材料编号。

（7）家具平面图中,如有需放大大样和剖面,应标注索引位置及符号。

（8）标注图名及比例。

二、固定家具立面图

固定家具立面图包括正立面图、背立面图、侧立面图。

1. 固定家具立面图绘制要求

（1）标注家具设计部位的立面尺寸。

（2）标明相连的地面线、顶棚线及造型线。

（3）绘制家具立面的装饰造型,标注定位尺寸及其他相关尺寸。

（4）绘制家具立面门的开启方向和开启方式。

（5）标注家具立面的装饰材料种类、材料分块尺寸、材料拼接线和分界线定位尺寸等。

（6）标注索引符号和编号、图纸名称和制图比例。

（7）对需要特殊和详细表达的部位,可单独绘制其局部立面大样,并标明其索引位置。

课件
固定家具立面图绘制

微课
固定家具立面图绘制

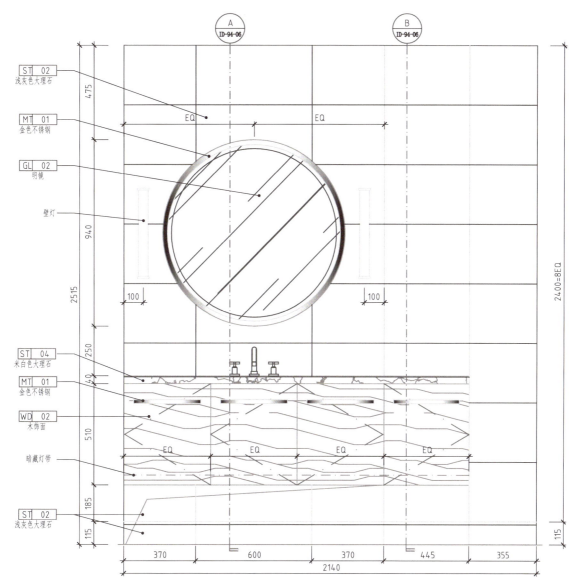

图 4-4-10　家具立面图

2. 固定家具立面图绘制步骤（以图 4-4-10 为例）

该图为服务台正立面图。

（1）绘制固定家具立面轮廓线。

（2）绘制出固定家具立面设计造型。

（3）绘制固定家具立面装饰材料分割线及明露构件。

（4）分别绘制出不同装饰材料的图例。

（5）在图外标注固定家具总尺寸和各造型分部尺寸，标注不下的详细尺寸可在图内标注。

（6）绘制引线，文字标注造型做法和装饰材料名称，标注装饰材料编号。

（7）标注索引位置及符号。

（8）标注图名及比例。

动画
固定衣柜施工图绘制

三、剖面图

1. 固定家具剖面图绘制要求

家具剖面图应剖在结构不同、造型比较复杂的部位。有时应有多个剖切位置，绘制应符合以下几个方面要求：

（1）表达出固定家具与相关联建筑结构的关系。

（2）表达出固定家具剖面的总尺寸和详细尺寸。

（3）剖切部位的层板、内部结构部分应按照实际情况绘制清楚。

（4）剖面图应注明装饰材料种类和做法。

（5）标注索引符号和编号、图纸名称和制图比例。

2. 固定家具剖面图绘制步骤（以图 4-4-11 为例）

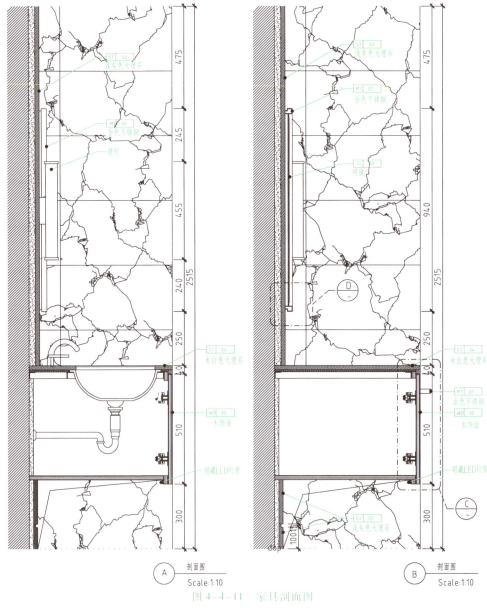

图 4-4-11　家具剖面图

动画
服务台施工图绘制

该图为服务台的剖面图。

（1）以粗实线绘制固定家具断面轮廓线，以中实线绘制剖切方向能看到的轮廓线，以细实线绘制内部结构。

（2）分别绘制出不同装饰材料的图例。

（3）在图外标注剖面总尺寸和各分部尺寸，详细尺寸在图内标注。

（4）绘制引线，文字标注造型做法和装饰材料名称，标注装饰材料编号。

（5）标注索引位置及符号。

（6）标注图名及比例。

四、固定家具节点详图

1. 固定家具节点详图绘制要求

（1）表达出固定家具与相关联建筑结构的关系。

（2）表达出结构体至面饰层的施工构造连接方法及相互关系。

（3）表达出在投视方向未被剖切到的可见装修内容。

（4）表达出各断面构造内的材料图例、说明及工艺要求。

（5）表达出详细的装修尺寸。

（6）注明详图符号、图名及比例。

2. 固定家具详图绘制步骤（以图 4-4-12 为例）

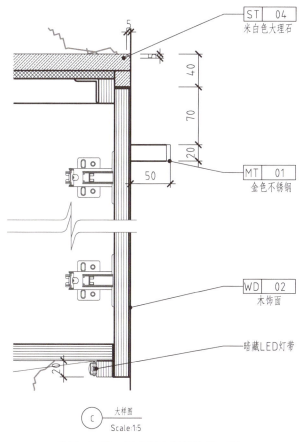

图 4-4-12 标准间衣柜装饰施工图

该图为衣柜移门滑轨与顶部连接点剖面大样图。

（1）绘制固定家具相邻的建筑结构断面,绘制家具结构断面轮廓线,绘制内部结构和剖切方向能看到的轮廓线。

（2）分别绘制出不同装饰材料的图例。

（3）在图外标注剖面总尺寸、各分部尺寸和详细尺寸。

（4）绘制引线、文字标注造型做法和装饰材料名称。

（5）表达不全的图形用折断线断开。

（6）标注详图符号、图名及比例。

固定家具装饰施工图的绘制:首先应根据其功能定位进行合理的平面布置,然后再选择相应的装饰材料,依据家具平面图,进行正立面、侧立面、剖面、节点的绘制。尺寸标注要准确,材料文字的标注要清晰明了,根据所绘施工图能够顺利进行现场加工和制作。

任务实施:固定家具装饰施工图绘制

一、任务条件

给出固定家具效果图或现场照片,如图4-4-13所示橱柜设计方案,包括入墙橱柜和便餐台,入墙橱柜的立面尺寸为3.6m×2.6m,木饰面板,便餐台平面尺寸为2.8m×1m,台面为深色石英石,柜体为木饰面板。

图4-4-13　橱柜

二、任务要求

根据橱柜设计方案,绘制固定家具装饰施工图,包括家具平面图、家具立面图、家具剖面图、家具详图等。

1. 深化设计能力训练

（1）根据橱柜设计方案,调研相关主材与辅材,完成表4-4-1所示工作页4-4(固定家具装饰施工图材料调研表)。

表 4-4-1　工作页 4-4(固定家具装饰施工图材料调研表)

项次	项目	材料	规格	品牌,性能描述,构造做法	价格
1	龙骨				
2	基层				
3	面层				

(2)根据橱柜设计方案,画出吊柜构造节点大样图、低柜构造节点大样图、便餐台构造节点大样图。

2. 橱柜装饰施工图绘制

根据某居室橱柜设计方案完成一套橱柜装饰施工图,见表 4-4-2。

表 4-4-2　根据某居室橱柜设计方案完成一套橱柜装饰施工图

任务	绘制橱柜装饰施工图
学习领域	固定家具装饰施工图绘制
行动描述	教师给出橱柜设计方案,提出施工图绘制要求。学生做出深化设计方案,按照固定家具装饰施工图绘制的内容和要求,绘制出橱柜装饰施工图,并按照制图标准、图面原则设置。输出施工图后,学生自评,教师点评
工作岗位	设计员、施工员
工作依据	《房屋建筑室内装饰装修制图标准》(JGJ/T 244—2011)
工作方法	1. 分析任务书,识读设计方案,调研装饰材料和装饰构造; 2. 确定装饰构造方案,制图方法决策; 3. 制订制图计划; 4. 现场测量,尺寸复核,确定完成面; 5. 完成橱柜平面图、立面图、剖面图、节点大样图; 6. 编制主要材料表,根据项目编制施工说明; 7. 输出固定装饰施工图文件; 8. 固定装饰施工图自审,检测设计完成度,以及设计结果; 9. 现场施工技术交底,固定装饰施工图会审
预期目标	通过实践训练,进一步掌握固定家具装饰施工图的绘制内容和绘制方法

3. 固定家具装饰施工图绘制流程

(1)进行技术准备。

① 识读设计方案。识读固定家具设计方案,了解固定家具方案设计立意,明确固定家具装饰材料、造型设计、尺寸要求。

② 现场尺寸复核。根据固定家具图进行尺寸复核,测量现场尺寸,检查固定家具

设计方案的实施是否存在问题。

③ 深化设计。根据固定家具设计方案,确定构造形式,进行龙骨、面层、搭接方式等的深化设计,绘制大样草图。

(2)工具、资料准备。

① 工具准备:记录本、笔、计算机。

② 资料准备:《房屋建筑制图统一标准》(GB/T 50001—2017)、《房屋建筑室内装饰装修制图标准》(JGJ/T 244—2011)、《内装修——细部构造》(16J 502-4)。

(3)按照计划绘制橱柜装饰施工图。学生按照绘图计划完成橱柜装饰施工图的绘制。

三、评分标准

固定家具装饰施工图绘制见表4-4-3。

表 4-4-3   固定家具装饰施工图绘制评分标准(10分)

序号	评分内容	评分说明	分值
1	绘制内容	家具平面图、家具立面图(根据家具具体情况选择绘制外立面、内立面、背立面、侧立面)、家具剖面图、家具详图等图纸齐全,内容完整,表达清晰。家具造型符合设计方案,构造设计合理	4
2	绘制深度	按照比例正确设置界面绘制深度、尺寸标注深度和断面绘制深度	2
3	尺寸与文字	材料有编号,标注齐全,尺寸标注完整,字体、字号统一、尺寸标注样式统一	2
4	制图标准	比例选用合理,线宽、线型正确合理,标高、索引符号表达正确,尺寸标注符合标准,图例选择正确	2

任务 4.5   建筑装饰施工图详图绘制

任务目标

通过本任务学习,达到以下目标:明确建筑装饰施工图详图的概念,掌握详图的内容和绘制要求,掌握建筑装饰施工图详图的深度设置,能够根据项目要求正确完成建筑装饰施工图详图的绘制。

任务描述

- 任务内容

根据装饰方案图,绘制建筑装饰施工图详图。

- 实施条件

1. 装饰效果图和装饰方案图。

2.《房屋建筑制图统一标准》(GB/T 50001—2017)、《房屋建筑室内装饰装修制图标准》(JGJ/T 244—2011)。

知识准备

课件
装饰施工图详图绘制的内容和要求

4.5.1　建筑装饰施工图详图概念

建筑装饰施工图详图(简称装饰详图)是指局部详细图样,它由大样图、节点图和断面图三部分组成。

4.5.2　建筑装饰施工图详图的内容及要求

微课
装饰施工图详图绘制的内容和要求

一、大样图
1. 大样图绘制要求
(1) 表达出局部完整详细的图样,是局部详细的大比例放样图。

(2) 标注详细尺寸。

(3) 注明所需的节点剖切索引号。

(4) 注明具体的材料及说明。

(5) 注明详图号及比例。

大样图常用比例:1:1、1:2、1:4、1:5、1:10。

2. 大样图绘制步骤(以图 4-5-1 为例)
该图为餐厅门大样图。

(1) 采用大比例绘制餐厅门的部分造型。

(2) 分别绘制出不同装饰材料的图例。

(3) 在图外标注剖面总尺寸和各分部尺寸,详细尺寸在图内标注。

(4) 绘制引线、文字标注造型做法和装饰材料名称,标注装饰材料编号。

(5) 表达不全的图形用折断线断开。

(6) 标注索引部位和索引符号。

(7) 标注图名及比例。

二、节点图
1. 节点图绘制要求
(1) 详细表达出被切截面从结构体至面饰层的施工构造连接方法及相互关系。

(2) 表达出紧固件、连接件的具体图形与实际比例尺度(如膨胀螺栓等)。

(3) 表达出详细的面饰层造型与材料及说明。

(4) 表达出建筑结构粉刷线及建筑结构材质图例。

(5) 表达出各断面构造内的材料图例、编号、说明及工艺要求。

(6) 表达出详细的施工尺寸。

(7) 注明有关施工所需的要求。

(8) 注明节点详图号及比例。

节点图常用比例:1∶1、1∶2、1∶4、1∶5。

2. 节点图绘制步骤(以图 4-5-2 为例)

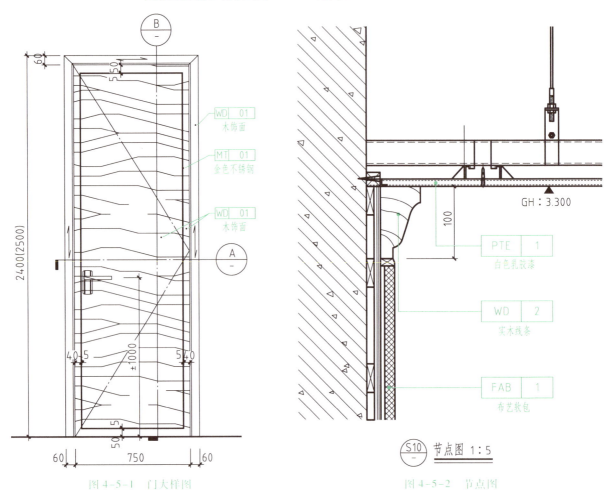

图 4-5-1 门大样图

图 4-5-2 节点图

该图为软包墙面与顶棚连接的剖面节点图。

(1)绘制墙体建筑结构剖面。

(2)绘制软包墙面与顶棚连接部分剖面轮廓和内部结构。

(3)表达不全的图形直接断开或者用折断线断开。

(4)分别绘制出不同装饰材料的图例。

(5)标注各分部尺寸和详细尺寸。

(6)绘制引线、文字标注造型做法和装饰材料名称,标注装饰材料编号。

(7)标注图名及比例。

三、断面图

1. 断面图绘制要求

(1)表达出由顶至地连贯的被剖截面造型。

(2)表达出由结构体至表饰层的施工构造做法及连接关系(如断面龙骨等)。

(3)从断面图中引出需进一步放大表达的节点详图,标注索引号。

（4）表达出结构体、断面构造层及饰面层的材料图例、编号及说明。

（5）表达出断面图所需的尺寸深度。

（6）注明有关施工所需的要求。

（7）注明断面图号及比例。

比例：1∶10。

2. 断面图绘制步骤（以图 4-5-3 为例）

微课
门窗构造详图绘制
（2）

课件
栏杆构造详图绘制

微课
栏杆平面立面绘制

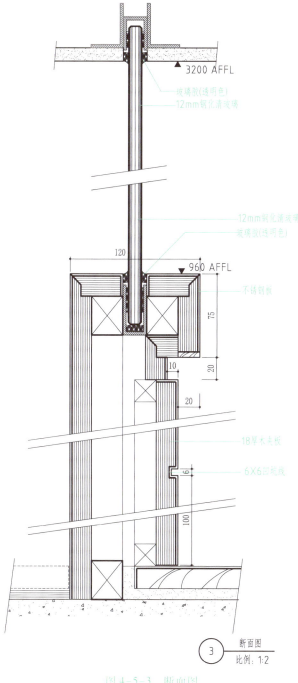

图 4-5-3　断面图

该图为会议室写字板断面图。

（1）绘制顶棚与地面的断面建筑材料图例。

（2）绘制写字板与顶棚和地面连接部分剖面轮廓和内部结构。

（3）相同造型部分可断开不表达，用折断线断开。

（4）分别绘制出不同装饰材料的图例。

（5）在图外标注剖面总尺寸和各分部尺寸，详细尺寸在图内标注。

（6）绘制引线、文字标注造型做法和装饰材料名称。

（7）标注图名及比例。

任务实施：建筑装饰施工图详图绘制

一、任务条件

给出某空间造型设计方案效果图或现场照片，如图4-5-4所示卧室门，门扇立面尺寸为2.1m×0.9m。门套线和门扇均为实木，镶嵌欧式木线条，塑白色漆。

图4-5-4   卧室门

二、任务要求

根据平开门的设计方案，绘制门大样图、剖面图、节点图等。

1. 深化设计能力训练

（1）根据平开门的设计方案（图4-5-4），调研相关主材与辅材，完成表4-5-1所示工作页4-5（平开门装饰材料调研表）。

表4-5-1   工作页4-5（平开门装饰材料调研表）

项次	项目	材料	规格	品牌、性能描述、构造做法	价格
1	龙骨				
2	基层				
3	面层				
4	辅材				
5	五金				

（2）根据平开门的设计方案构造,画出节点大样图。

2. 平开门装饰施工图绘制

根据平开门设计方案绘制门的建筑装饰施工图详图见表4-5-2。

表4-5-2 根据平开门设计方案绘制门的建筑装饰施工图详图

任务	绘制平开门装饰施工图详图
学习领域	建筑装饰施工图详图绘制
行动描述	教师给出平开门方案设计方案,提出施工图绘制要求。学生做出深化设计方案,按照建筑装饰施工图详图的绘制内容和要求,绘制出平开门装饰详图,并按照制图标准、图面要求设置。完成后,学生自评,教师点评
工作岗位	设计员、施工员
工作依据	《房屋建筑室内装饰装修制图标准》(JGJ/T 244—2011)、《内装修——细部构造》(16J 502-4)
工作方法	1. 分析任务书,识读设计方案,调研装饰材料和装饰构造; 2. 确定装饰构造方案,制图方法决策; 3. 制订制图计划; 4. 现场测量,尺寸复核,确定完成面; 5. 完成大样图、断面图、节点图; 6. 编制主要材料表,根据项目编制施工说明; 7. 输出建筑装饰施工图详图文件; 8. 建筑装饰施工图详图自审; 9. 评估设计完成度,以及完成结果
预期目标	通过实践训练,进一步掌握建筑装饰施工图详图的绘制内容和绘制方法

3. 平开门装饰施工图详图绘制流程

（1）进行技术准备。

① 识读设计方案。识读平开门装饰设计方案,了解方案设计立意,明确装饰材料、造型设计、尺寸要求。

② 现场尺寸复核。根据平开门方案图进行尺寸复核,测量现场尺寸,检查平开门设计方案的实施是否存在问题。

③ 深化设计。根据平开门设计方案,确定构造形式,进行龙骨、面层及搭接方式等的深化设计,绘制详图草图。

（2）工具、资料准备。

① 工具准备:记录本、笔、计算机。

② 资料准备:《房屋建筑制图统一标准》(GB/T 50001—2017)、《房屋建筑室内装饰装修制图标准》(JGJ/T 244—2011)、《内装修——细部构造》(16J 502-4)。

（3）按照计划绘制平开门装饰施工图详图。学生按照绘图计划完成平开门装饰施工图详图的绘制。

三、评分标准

平开门装饰施工图详图绘制见表4-5-3。

表 4-5-3　平开门装饰施工图详图绘制评分标准（10 分）

序号	评分内容	评分说明	分值
1	绘制内容	平开门大样图、节点图、断面图等图纸齐全，内容完整，表达清晰	4
2	绘制深度	按照比例正确设置界面绘制深度、尺寸标注深度和断面绘制深度	2
3	尺寸与文字	材料有编号，标注齐全，尺寸标注完整，字体、字号统一，尺寸标注样式统一	2
4	制图标准	比例选用合理，线宽、线型正确合理，标高、索引符号表达正确，尺寸标注符合标准，图例选择正确	2

项目拓展实训

组成 3 人小组，合作完成小型组合空间的建筑装饰施工图绘制任务，如酒店套房、会议室等小型组合空间。能在规定时间内完成装饰构造深化设计和建筑装饰施工图绘制任务，构造设计合理，界面绘制、尺寸标注、断面绘制能根据比例合理设置深度，图纸内容绘制正确，标注完整。

习题与思考

1. 除了教材中提到的建筑装饰材料，你还知道哪些材料？列举出来，并注明材料的规格、特性。

2. 调研装饰市场的新材料、新工艺，完成调研报告。

3. 对每种装饰造型尝试进行两种以上的装饰构造设计，并分析其优缺点，选择最合理的一种。

项目 5

建筑装饰施工图图表、文件编制和输出

想一想：

1. 建筑装饰施工图怎样才能条理清晰、查找方便、整齐美观？
2. 建筑装饰施工图当中应该有哪些必要的图表，为什么？
3. 建筑装饰施工图可以出几种打印图？

学习目标

通过项目活动，学生能够熟知建筑装饰施工图文件编制的常识、图表编制的方法与图面设计的原则，能独立完成建筑装饰施工图文件的编制与输出

建筑装饰故事
传统格扇的构造
艺术

项目概述

已经完成一套建筑装饰施工图的图纸绘制部分，增加必要的图表，将建筑装饰施工图进行排版和布局，按照顺序编制。完成后进行打印设置，并打印出图

任务 5.1　建筑装饰施工图图表编制

通过本任务学习，达到以下目标：熟悉建筑装饰施工图图表的分类与作用，掌握建筑装饰施工图图表的编制原则与编制方法，能够根据建筑装饰施工图类型制订图表编制计划，按照要求编制各类图表

任务描述

• 任务内容

根据已完成的建筑装饰施工图编制图表。

• 实施条件

1. 已经绘制完成的建筑装饰施工图。

2.《房屋建筑制图统一标准》（GB/T 50001—2017）、《房屋建筑室内装饰装修制图标准》（JGJ/T 244—2011）。

知识准备

5.1.1　图表范围

建筑装饰工程中项目分类较细，为方便阅图，需要编制相关图表。建筑装饰施工图图表包括图纸目录表、装饰材料表、灯光图表、家具图表、陈设品图表、门窗图表、五金图表、卫浴图表、设备图表等，见表5-1-1。

表5-1-1　图表范围

序号	图表名称	图表内容
1	图纸目录表	图纸的排列顺序及各详细图名的目录表
2	装饰材料表	装饰施工图中出现的详细材料
3	灯光图表	装饰施工图中所运用的光源内容
4	家具图表	装饰施工图中所有的家具
5	陈设品图表	装饰施工图中的陈设品
6	门窗图表	门窗设计内容
7	五金图表	装饰施工图中所用的五金构件
8	卫浴图表	施工图中所选用的卫浴设备
9	设备图表	根据各专业需要编制

5.1.2　图表内容及编制要求

一、图纸目录表

图纸目录表是用来反映全套图纸的排列顺序及各详细图名的详细表格，其组成内容及要求如下：

（1）注明图纸序号；

（2）注明图纸名称；

（3）注明图别图号；

（4）注明图纸幅面；

（5）注明图纸比例。

图纸目录表见表5-1-2。

二、装饰材料表

装饰材料表是反映全套建筑装饰施工图中装饰用材的详细表格，其组成内容及要求如下：

课件
建筑装饰施工图图
表编制

微课
建筑装饰施工图图
表编制

表 5-1-2　图纸目录表

序号	图纸名称	图号	图幅	比例	序号	图纸名称	图号	图幅	比例
1	图纸目录表	图表1-01	A1		18	(PART-A)大堂平面陈设品布置图	室施A-07	A1	1:50
2	设计材料表	图表2-01	A1		19	(PART-A)大堂开关、插座布置图	室施A-08	A1	1:50
3	灯光图表	图表3-01	A1		20	(PART-A)大堂顶棚布置图	室施A-09	A1	1:50
4	灯饰图表	图表4-01	A1		21	(PART-A)大堂顶棚尺寸定位图	室施A-10	A1	1:50
5	家具图表	图表5-01	A1		22	(PART-A)大堂顶棚索引图	室施A-11	A1	1:50
6	陈设品图表	图表6-01	A1		23	(PART-A)大堂平顶灯位编号图	室施A-12	A1	1:50
7	门窗图表	图表7-01	A1		24	(PART-A)大堂平顶消防布置图	室施A-13	A1	1:50
8	建筑原况平面图	室施总-01	A1	1:100	25	(PART-A)大堂A、B剖立面图	室施A-14	A1	1:30
9	总平面布置图	室施总-02	A1	1:100	26	(PART-A)大堂C、D剖立面图	室施A-15	A1	1:30
10	总隔墙布置图	室施总-03	A1	1:100	27	(PART-A)大堂E、F剖立面图	室施A-16	A1	1:30
11	总平顶布置图	室施总-04	A1	1:100	28	(PART-A)大堂G、H剖立面图	室施A-17	A1	1:30
12	(PART-A)大堂平面布置图	室施A-01	A1	1:50	29	(PART-A)大堂1~7立面图	室施A-18	A1	1:30
13	(PART-A)大堂平面隔墙图	室施A-02	A1	1:50	30	(PART-A)大堂8~12立面图	室施A-19	A1	1:30
14	(PART-A)大堂平面尺寸定位图	室施A-03	A1	1:50	31	L剖立面图	室施A-19	A1	1:30
15	(PART-A)大堂立面索引图	室施A-04	A1	1:50	32	(PART-A)大堂13,14立面图	室施A-19	A1	1:30
16	(PART-A)大堂地面铺装施工图	室施A-05	A1	1:50	33	(PART-A)大堂15~19立面图	室施A-20	A1	1:30
17	(PART-A)大堂平面家具布置图	室施A-06	A1	1:50	34	(PART-B)中餐厅平面布置图	室施B-01	A1	1:50

（1）注明材料类型；

（2）注明各材料类别的字母代号；

（3）注明每种类别中的具体材料编号；

（4）注明每款材料详细的中文名称，并可恰当以文字描述其视觉和物理特征；

（5）有些产品需特注厂家型号、货号及品牌。

材料代号表见表5-1-3,装饰材料表见表5-1-4。

表5-1-3 材料代号表

材料	代号	材料	代号	材料	代号
大理石	MAR	地毯	CPT	石膏板	GB
花岗岩	GR	瓷砖	CEM	三合板	PLY-03
石灰岩	LIM	马赛克	MOS	五合板	PLY-05
木材	WD	玻璃	GL	九厘板	PLY-09
木地板	FL	不锈钢	SST	十二厘板	PLY-12
防火板	FW	钢	ST	细木工板	PLY-18
涂料、油漆	PT	铜	BR	轻钢龙骨	QL
皮革	PG	熟铁	WI	设备	EQP
布艺	V	铝合金	LU	灯光	LT
家私布艺	FV	金属	H	艺术品	ART
窗帘	WC	亚克力	AKL	人造石	MS
壁纸	WP	可丽耐	COR	卫浴	SW
壁布	WV	铝塑板	SL	陈设品	DEC

三、灯光图表

灯光图表是反映全套建筑装饰施工图中所选用的光源内容,其组成内容及要求如下:

(1)注明各光源的平面图例;

(2)以"LT"为光源字母代号,后缀数字为编号;

(3)有专业的照明描述,具体包括光源类别、功率、色温、显色性、有效射程、配光角度、安装形式及尺寸;

(4)光源型号、货号及品牌;

(5)光源所配灯具的剖面造型或图例。

灯光图表见表5-1-5。

四、家具图表

家具图表是用来反映全套家具设计内容的一览表,其组成内容及要求如下:

(1)注明家具类别;

(2)注明家具类别的字母代号;

(3)注明家具的索引编号;

(4)注明每款家具的摆放位置;

(5)注明家具造型图例;

(6)注明每款家具的使用数量。

家具图表见表5-1-6。

表 5-1-4　装饰材料表

材料类型	代号	编号	材料名称	材料类型	代号	编号	材料名称
木材	WD	WD-01	沙比利	布艺	V	V-01	白冰绸,所有白冰绸下均加铝垂线（索博 2-03）
		WD-02	有影安哥利（6mm 板贴面）			V-02	大堂咖啡厅灰色软包布（诚信 VEN-03）
		WD-03	胡桃木染黑（开放漆）			V-03	大堂电梯厅休息座黑色皮布（诚信 VEN-06）
		WD-04	白桦			V-04	包房米白色软包布（索博 2-04）
石材	MAR	MAR-01	白色微晶石（800*800）	地毯	CPT	CPT-01	六人包房米灰色地毯（东帝士 MB-01）
		MAR-02	雅士白（极品）			CPT-02	贵宾室灰绿色地毯（东帝士 MB-05）
		MAR-03	爵士白	瓷砖	CEM	CEM-01	300×300 灰色麻点地砖（亚细亚世纪石 A3010）
		MAR-04	西班牙透光云石			CEM-02	200×280 白色墙砖（亚细亚 米兰 BA2807）
		MAR-05	黑金砂			CEM-03	水蓝色 98.5×98.5 墙砖（长谷 GL9806）
涂料	PT	PT-01	乳白色涂料			CEM-04	300×300 猫眼石（亚细亚世纪石 P3080）
		PT-02	乳白色哑光漆			CEM-05	300×600 金属墙砖（名家 CT1101）
		PT-03	深灰色涂料	防火板	FW	FW-01	dekodur 防火板 3883
		PT-04	白色斯达柯喷漆			FW-02	白色防火板（威盛亚 D354-60）
		PT-05	灰色涂料（中餐厅墙面）			FW-03	非洲胡桃木纹防火板（威盛亚 WILSONART-60）
		PT-06	仿旧银漆（做完白色板后由设计师确认）			FW-04	银灰色金属防火板（富美家-4749）
		PT-07	金属条表面亚光烤漆	卫浴	SW	SW-01	不锈钢厕纸架（金四维 CU1651）
玻璃	GL	GL-01	清玻璃			SW-02	白色坐便器（金四维 G0225A，B）
		GL-02	磨砂玻璃			SW-03	白色碗盆（金四维 G0113）
		GL-03	镜面			SW-04	高杆单把单孔龙头（金四维 GM84D6）
		GL-04	t=25.5mm 浅绿色夹层玻璃（南方东莞铝业 BGC-601）			SW-05	白色亚克力浴缸（金四维 G0115D）
		GL-05	背漆玻璃（巨钿玻璃 M-14）			SW-06	白色小便器（金四维 G501P）
不锈钢	SST	SST-01	拉丝不锈钢	石膏板	GB	GB-01	9mm 厚纸面石膏板
		SST-02	镜面不锈钢			GB-02	9mm 厚防水石膏板
壁纸	WP	WP-01	迪诺瓦涂料高级石英纤维壁布	板材	PLY	PLY-03	三合板
窗帘	WC	WC-01	米白色电动遮光卷帘（索博 C-04）			PLY-05	五合板
		WC-02	电动木质百叶帘（索博 C-06）			PLY-08	九厘板
		WC-03	银灰色金属百叶帘（索博 C-10）			PLY-12	十二厘板
						PLY-18	细木工板

表 5-1-5　灯 光 图 表

图例	编号	照明描述	品牌型号	造型图例	图例	编号	照明描述	品牌型号	造型图例
— —	LT-01	灯然管 L-1000mm 120W 220V，可调光	OT-62771		◇	LT-12	MR-16/54V 暗筒灯 36°12V（棒孔），可调光	OT-1915V	
⋯	LT-02	日光灯 K-2700, L-1227mm 35W 220V，可调光	OT-3136A		○	LT-13	PAR-58 暗筒灯 300V 配光 40°，可调光	OT-1904R	
– – –	LT-03	走廊灯带 13 个/W 65V/W 24V，可调光	OT-DSL-7.5		⊕	LT-14	加长型吸顶式射灯 12V 50W 配光 33°石英卤素光照，可调光	OT-8582N	
⋮	LT-04	类复灯 黄色 39V/W 220V，可调光	OT-DFL-3W		◌	LT-15	吸顶式矗光射灯 12V 50W 配光 24°石英卤素光照，可调光	OT-8583N	
⁖	LT-05	冷极管 蓝色 STAND DLER，可调光	OT-SD-28		◌	LT-16	MR-16 吸顶式射灯 12V 50W 配光 24°石英卤素光照，可调光	OT-8590	
┄	LT-06	LED 数码变色管 17W，可调光	OT-DTT-501		◌	LT-17	吸顶式射灯 R80 220V 80W 磨砂泡射程，可调光	OT-8591	
●	LT-07	PL-C 带防雾罩暗筒灯（内置节能灯管 13W）	OT-4841W		⊕	LT-18	QR-111 导轨式射灯 20°75W 吊杆式，可调光	OT-8459	
○	LT-08	GLS 暗筒灯 220V 40W 白炽灯 磨砂泡，可调光	OT-4830		⊡	LT-19	NR-16 格栅射灯 50W（双联）配光 36°石英卤素光照，可调光	OT-5011N	
⊘	LT-09	QY-12 暗筒灯（光灯）100W 12V，可调光	OT-1917SWV		◈◈	LT-20	NR-16 格栅射灯 50W（双联）配光 36°石英卤素光照，可调光	OT-5012N	
◆	LT-10	MR-16/54V 可调角暗筒灯（棒孔）10°12V，可调光	OT-0915V		▦	LT-21	PAR38 直线型洗墙灯 80W 配光 30°，可调光	OT-3038	
◇	LT-11	MR-16/54V 暗筒灯（拽孔）36° 12V，可调光	OT-1802N		▢	LT-22	QR-111 格栅射灯 75W（单联）配光 30°，可调光	OT-5010N	

续表

图例	编号	照明描述	造型图例	品牌型号
	LT-23	QR-111 格栅射灯 75W（双联）配光 30°，可调光		OT-5020N
	LT-24	QR-111 格栅射灯 75W（三联）配光 30°，可调光		OT-5030N
	LT-25	QR-111 格栅射灯 75W（四联）配光 30°，可调光		OT-5040N
	LT-26	MR-16/50V 摊琵灯 12V 配光 24°石英岗素光照，可调光		OT-2301
	LT-27	GLS 跨步灯 1GLS/40W（磨砂泡）白炽灯光源，可调光		OT-2200
	LT-28	MR-16/50V，石英岗素灯光罩.配光 24°，可调光		OT-2100
	LT-29	MR-16/50V 埋地灯 38°12V，可调光		OT-2300
	LT-30	MR-16/50V 埋地灯 24°，可调光		OT-2100
	LT-31	597×597 无数光高效格栅灯，内置日光灯管,220V		OT-3318P
	LT-32	A型石英岗素灯泡[-2900 Ra-100 75W 220V,可调光		飞利浦
	LT-33	EA-A 暗筒灯（A型石英岗素灯）75W 220V 磨砂，可调光		OT-488SA
	LT-34	PL.11V [-2700		飞利浦 PL/C

表 5-1-6 家具图表

类型	代号	编号	家具名称	位置	造型图例	数量	类型	代号	编号	家具名称	位置	造型图例	数量
沙发	SF	①SF	单人沙发	25层客厅		2			④C	座椅	30层书房		1
		②SF	三人沙发	25层客厅		1			⑤C	休息椅	30层书房		2
		③SF	高背单扶沙发	25层客厅		2	电视柜	TV	①TV	电视柜	25层客厅		1
		④SF	休闲沙发	30层客厅		1	茶几	SBT	①SBT	茶几	25、29层客厅		2
椅子	C	①C	椅子	25层客厅		12	床	B	①B	双人床	25层卧室		1

续表

类型	代号	编号	家具名称	位置	造型图例	数量
床尾凳	PD		双人床	25 层卧室		1
			床尾凳	30 层卧室		1

类型	代号	编号	家具名称	位置	造型图例	数量
			双人床	30 层卧室		1
						1

五．陈设品图表

陈设品图表是用来反映陈设品设计内容的一览表，其组成内容及要求如下：

（1）注明陈设类别；

（2）注明陈设类别的字母代号；

（3）注明索引编号；

（4）注明陈设品名称、大致尺寸和放置部位；

（5）注明每款陈设品的造型图例；

（6）注明每款陈设品的使用数量。

陈设品表见表 5-1-7。

六．门窗图表

门窗图表是用来反映门窗设计内容的一览表，其组成内容及要求如下：

（1）注明门窗的类别；

（2）注明设计编号；

（3）注明洞口尺寸；

（4）注明门扇（窗扇）尺寸；

（5）注明该编号所在的设计位置；

（6）注明该编号的总数量。

门窗图表见表 5-1-8。

七．五金图表

五金图表是用来反映五金构件设计内容的一览表，五金构件可分为建筑五金和家具五金两大类，其组成内容及要求如下：

（1）注明各大类五金构件的类别；

（2）注明各类别中的产品代号；

（3）注明各产品代号的中文名称；

（4）注明各代号所用于的位置；

（5）注明各产品的使用数量。

八．卫浴图表

卫浴图表是用来反映全套建筑装饰施工图中所选用卫浴设备内容的一览表，其组成内容及要求如下：

（1）注明各大类的卫浴设备类别；

（2）注明各类别中的产品代号；

（3）注明各产品代号的中文名称；

（4）注明各代号所使用的位置；

（5）注明各产品的使用数量。

建筑装饰施工图的图表内容及数量可根据工程的类型及规模适当增减。

表5-1-7　陈设品表

代号	编号	陈设品名称	位置	造型图例	尺寸/mm	数量	代号	编号	陈设品名称	位置	造型图例	尺寸/mm	数量
DEC	DEC-01	曲线型雕塑	三层公共酒吧区展示台上		900×1400	1	DEC	DEC-06	郁金香盆栽	公共卫生间洗手盆劳		480×500	3
	DEC-02	太湖石	三层KTV包房墙面壁龛内		320×630	20		DEC-05	装饰挂钟	五层KTV包房内		500×600	15
	DEC-03	陶艺盆栽	四层KTV包房内		320×15	10		DEC-07	方形画框	四层、五层包房入口		800×800	1
	DEC-04	装饰圆镜	五层VIP包房入口墙面		900×800	1		DEC-08	方形画框	公共卫生间内		300×400	5

表 5-1-8　门窗图图表

类别	编号	洞口尺寸/mm	门窗尺寸/mm	位置	数量	备注
门	FM-01	1000×2300	900×2250	楼梯间	182	
	M-01	1000×2300	900×2250	主楼走道门	19	
	M-02	900×2100	800×2050	裙房办公层	40	
	M-03	750×2200	650×2100	客房卫生间	195	
	M-04	1600×2400	750×2300	大堂会厅入口	6	

类别	编号	洞口尺寸/mm	门窗尺寸/mm	位置	数量	备注
窗	SC-01	900×1200		5～18层走道	14	

任务实施：建筑装饰施工图图表编制

一、任务条件

已经完成一套建筑装饰施工图的绘制，包括平面布置图、平面尺寸定位图、地面铺装图、平面插座布置图、立面索引图、顶棚布置图、顶棚尺寸定位图、顶棚灯位开关控制图、立面图、节点大样图等。

二、任务要求

根据已经完成的一套建筑装饰施工图，进行图表编制。

1. 单项图表编制训练

（1）根据某餐厅装饰施工图，完成表 5-1-9 所示工作页 5-1（编制图纸目录）。

表 5-1-9　工作页 5-1（编制图纸目录）

序号	图纸名称	图别图号	图幅	比例
1				
2				
3				
4				
5				

（2）根据某餐厅装饰施工方案，完成表 5-1-10 所示工作页 5-2（编制装饰材料表）。

表 5-1-10　工作页 5-2（编制装饰材料表）

材料类型	代号	编号	材料名称	备注（型号、品牌等）

（3）根据某餐厅装饰施工方案，完成表 5-1-11 所示工作页 5-3（编制灯光图表）。

表 5-1-11　工作页 5-3（编制灯光图表）

图例	编号	照明描述	品牌型号	造型图例

（4）根据某餐厅装饰施工方案，完成表 5-1-12 所示工作页 5-4（编制家具图表）。

表 5-1-12　工作页 5-4（编制家具图表）

图例	编号	家具名称	品牌型号	造型图例

（5）根据某餐厅装饰施工方案，完成表5-1-13所示工作页5-5（编制陈设品表）。

表5-1-13　工作页5-5（编制陈设品图表）

代号	编号	陈设品名称	位置	造型图例	尺寸	数量

（6）根据某餐厅装饰施工方案，完成表5-1-14所示工作页5-6（编制门窗图表）。

表5-1-14　工作页5-6（编制门窗图表）

类别	编号	洞口尺寸	门窗尺寸	位置	数量	备注
门						
窗						

2. 编制一套建筑装饰施工图图表

完成一套建筑装饰施工图图表编制，包括封面、图纸目录表、施工说明、装饰材料表、灯光图表、家具图表、陈设品图表、门窗图表等图表（封面和施工说明的要求请参照项目1中1.1.3部分）。

根据某建筑装饰施工图完成图表的编制，见表5-1-15。

表5-1-15　根据某建筑装饰施工图完成图表的编制

任务	编制建筑装饰施工图图表
学习领域	建筑装饰施工图图表编制
行动描述	根据一套建筑装饰施工图进行分类，设计图表；编制建筑装饰施工图图表。完成后，学生自评，教师点评
工作岗位	设计员、施工员
工作依据	《房屋建筑室内装饰装修制图标准》（JGJ/T 244—2011）
工作方法	1. 建筑装饰施工图阅图； 2. 确定图表类别； 3. 完成图表编制计划表； 4. 完成建筑装饰施工图图表的编制； 5. 图表自审； 6. 评估完成效果
预期目标	通过实践训练，进一步掌握建筑装饰施工图图表的编制内容和编制方法

3. 建筑装饰施工图图表编制流程

（1）进行技术准备。

① 识读全套建筑装饰施工图。识读建筑装饰施工图,了解图纸内容。

② 确定图表类别。根据图表编制内容对施工图内容进行分类。

（2）工具、资料准备。

① 工具准备:记录本、笔、计算机。

② 资料准备:《房屋建筑制图统一标准》（GB/T 50001—2017）、《房屋建筑室内装饰装修制图标准》（JGJ/T 244—2011）。

③ 按照计划编制建筑装饰施工图图表。学生按照计划完成建筑装饰施工图图表的编制。

三、评分标准

建筑装饰施工图图表编制评分标准见表5-1-16。

表 5-1-16　建筑装饰施工图图表编制评分标准（10分）

序号	评分内容	评分说明	分值
1	封面	项目名称、设计阶段、编制单位名称、设计证书号（在校生注明班级、姓名、学号）、编制日期等信息完整,排版美观合理	2
2	图纸目录	图名、图号、图幅、比例等信息完整,书写准确,排版整齐	2
3	施工说明	工程概况、施工图设计的依据、施工图设计说明、图纸有关说明等内容齐全,排版美观合理	2
4	装饰材料表	材料图例绘制正确,材料编号准确	2
5	灯光图表	灯光图例绘制正确,编号准确,照明描述清晰	1
6	其他图表	家具图表、陈设品图表、门窗图表、五金图表、卫浴图表、设备图表等,图例绘制正确,编号准确,描述清晰	1

表 5-1-16 中的内容可根据图纸情况适当删减。

任务 5.2　建筑装饰施工图文件编制

任务目标

通过本任务学习,达到以下目标:明确建筑装饰施工图文件的编制要求,明确建筑装饰施工图的图面原则,能够进行图面设计和排版,能够按照项目要求编制出编排合理、符合规范要求,图面效果良好的建筑装饰施工图文件。

任务描述

• 任务内容

根据完成的一套建筑装饰施工图图纸和图表,按照建筑装饰施工图文件的编制要求、编制顺序和图面原则,编制成完整规范的建筑装饰施工图文件。

• 实施条件

1. 完整的建筑装饰施工图图纸和图表。

2.《房屋建筑制图统一标准》（GB/T 50001—2017）、《房屋建筑室内装饰装修制图标准》（JGJ/T 244—2011）。

知识准备

5.2.1　建筑装饰施工图文件编制内容及要求

建筑装饰施工图文件包括封面、图表、装饰施工图等内容，以文本形式编制、打印、装订，文本的编制内容和编排方式都非常重要，合理的文本编排使施工图易于查找和读图。

建筑装饰施工图文件编制内容包括封面、图表（图纸目录、材料表等相关图表）、总图、分图施工图、分图详图、设备图、其他说明图纸。

5.2.2　编制顺序

根据建筑装饰装修工程设计文件编制深度规定，建筑装饰施工图文件的编制顺序如表 5-2-1 所示。

课件
建筑装饰施工图文件编制

微课
建筑装饰施工图文件编制

表 5-2-1　建筑装饰施工图文件的编制顺序

编排顺序	内容	包含内容
1	封面	项目名称、编制单位名称、设计阶段、设计证书号、编制日期等
2	图表	图纸目录表、设计说明、装饰材料表、灯光图表等
3	总图	总平面图、总顶平面图
4	图施	分图平顶、立面图
5	图详	装饰详图、家具施工图
6	设备	风施、电施、水施
7	其他	视不同设计内容而定

一、封面

建筑装饰施工图封面应写明建筑装饰装修工程项目名称、编制单位名称、设计阶段（施工图设计）、设计证书号、编制日期等；封面上应盖设计单位设计专用章。

二、图表

建筑装饰施工图的图表主要包括图纸目录表、施工设计说明、装饰材料表、灯光图表、家具图表、门窗图表、设备图表、五金图表等。根据装饰工程的类型、规模和设计要求，图表可以进行增减。

三、总图

建筑装饰施工图的总图主要包括建筑原况平面图、总隔墙布置图、总平面布置图、总顶平面布置图。总图内容和比例设置见表 5-2-2。

四、图施

建筑装饰施工图的图施包括饰施和光施。饰施包括平面布置图、平面尺寸定位图、地面铺装图、立面索引图、顶棚布置图、顶平面尺寸定位图、顶棚索引图、装修立面图。光施包括平面插座布置图、顶棚灯位开关控制图，见表 5-2-3。

表 5-2-2 总图内容和比例设置

总图内容	比例设置
建筑原况平面图	1：100、1：150、1：200
总隔墙布置图	1：100、1：150、1：200
总平面布置图	1：100、1：150、1：200
总顶平面布置图	1：100、1：150、1：200

表 5-2-3 图施内容和比例设置

图施	图施内容	比例设置
饰施	平面布置图	1：60、1：50
	平面尺寸定位图	1：60、1：50
	地面铺装图	1：60、1：50
	立面索引图	1：60、1：50
	顶棚布置图	1：60、1：50
	顶平面尺寸定位图	1：60、1：50
	顶棚索引图	1：60、1：50
	装修立面图	1：50、1：40、1：30
光施	平面插座布置图	1：60、1：50
	顶棚灯位开关控制图	1：60、1：50

五、图详

建筑装饰施工图的图详包括饰详、家详和灯详。饰详包括装修剖面图、大样图、节点图。家详包括家具造型平、立、剖施工图,家具造型大样图。灯详包括灯具造型平、立、剖施工图,灯具造型大样图,如表 5-2-4 所示。

表 5-2-4 图详内容和比例设置

图详	图详内容	比例设置
饰详	装修剖面图	1：10、1：5、1：4、1：2、1：1
	大样图	1：10、1：5、1：4、1：2、1：1
	节点图	1：10、1：5、1：4、1：2、1：1
家详	家具造型平、立、剖施工图	1：10、1：5
	家具造型大样图	1：4、1：2、1：1
灯详	灯具造型平、立、剖施工图	1：10、1：5、1：4
	灯具造型大样图	1：4、1：2、1：1

六、设备

设备工种另见各专业规范,大类内容包括风施、电施、水施。

七、编制流程

整套建筑装饰施工图编制网络结构及排图序列如图 5-2-1 所示,它表示图与图之间的逻辑关系与排列顺序。

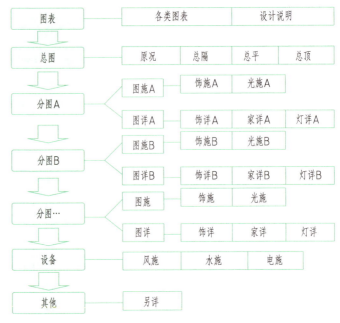

图 5-2-1　装饰施工图编制网络结构及排图序列

5.2.3　图面原则

一、概念

建筑装饰施工图的所有图纸,均要求图面构图呈齐一性原则。所谓图面的齐一性原则,就是指为方便阅读者而使图面的组织排列在构图上呈统一整齐的视觉编排效果,并且使得图面内的排列在上下、左右都能形成相互对应的齐律性。

二、应用

1. 立面应用

(1) 图与图之间的上下、左右相互对位,虚线为图面构图对位线。

(2) 图名位于图的中间位置,靠近所表示的图形。

(3) 图面各立面的组织呈四角方形编排构图,如图 5-2-2 所示。

2. 详图应用

(1) 六幅面构图,又称方阵构图原则,如图 5-2-3、图 5-2-4 所示。

(2) 六幅面构图(方阵构图),原则是在详图编排中的一项基本组合架构,在各类不同的具体制图中可有无数变化形式。因此,六幅面构图并非指六个详图的排列,如图 5-2-5 所示。

3. 引出线的编排

在图纸上会有各类引出线,如尺寸线、索引线、材料标注线等。

各类引出线及符号需统一组织,实现排列的齐一性原则,如图 5-2-6 所示。

(1) 索引号统一排列,纵向、横向呈齐一性构图。

(2) 索引线同尺寸标注及材料引出线有机组合,尽量避免各类线交错穿插,如图 5-2-7、图 5-2-8 所示。

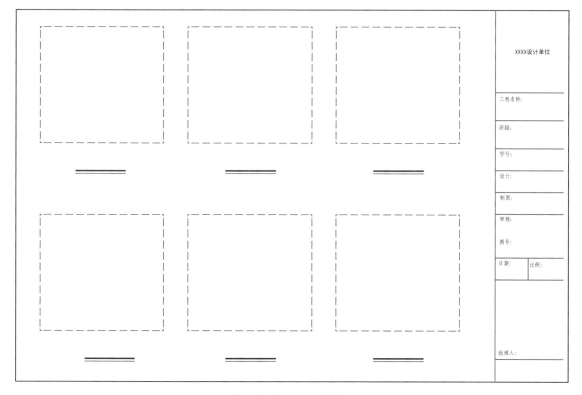

图 5—2—2   立面应用

图 5—2—3   大样应用图

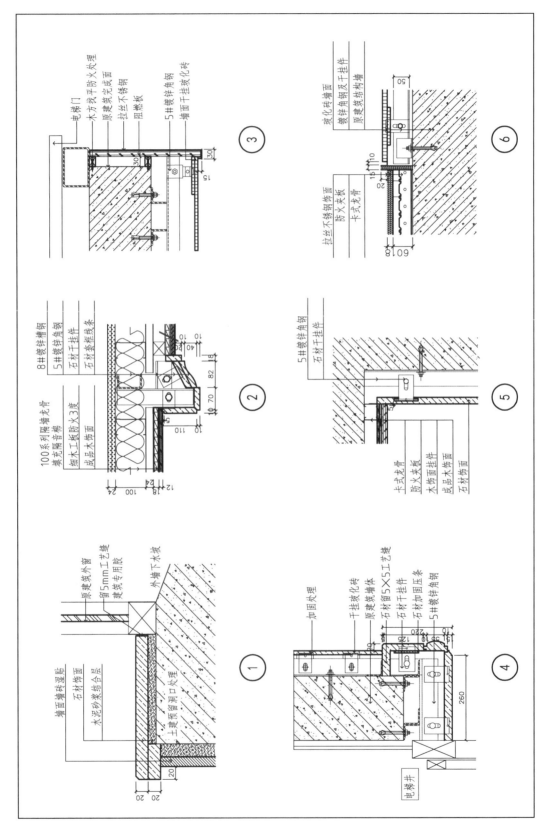

图 5-2-4　幕墙例图

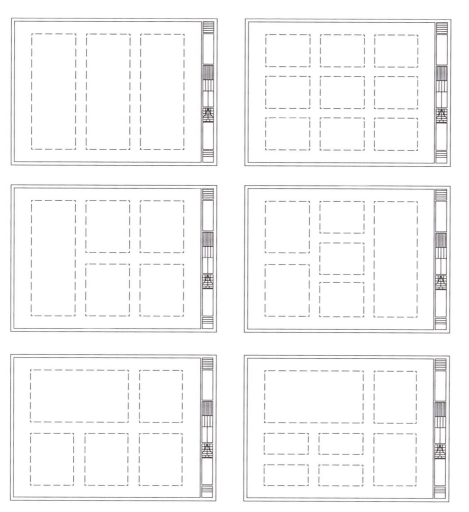

图 5-2-5　六幅面构图变化

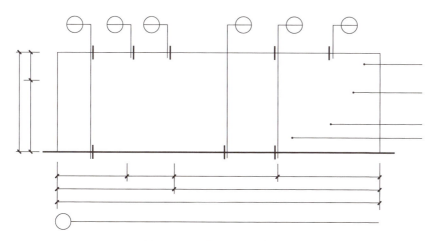

图 5-2-6　索引符号编排示例

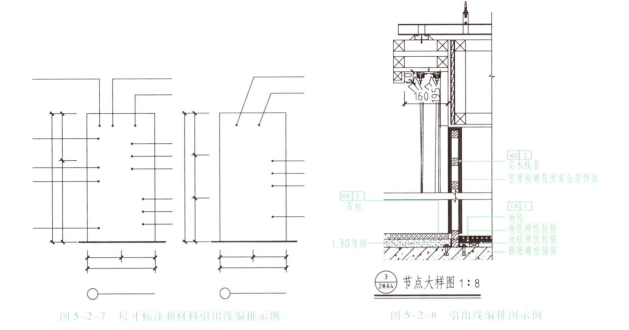

图 5-2-7　尺寸标注和材料引出线编排示例　　　　图 5-2-8　引出线编排图示例

任务实施:建筑装饰施工图文件编制

一、任务条件

已有绘制完成的建筑装饰施工图,包括楼地面装饰施工图、顶棚装饰施工图、墙柱面装饰施工图、固定家具装饰施工图,剖面节点大样图。

已有根据建筑装饰施工图编制好的图表,包括封面、图纸目录、设计说明、装饰材料表等。

二、任务要求

1. 图面设计能力训练

(1) 选择绘制完成的立面图,完成图面设计。

(2) 根据某空间的几个不同比例的详图,完成图面排版。

(3) 根据某空间的建筑装饰施工图,完成图面设计与排版。

2. 某空间的建筑装饰施工图文件编制

根据某空间的建筑装饰施工图完成施工图文件的编制,见表 5-2-5。

表 5-2-5　根据某空间的建筑装饰施工图完成施工图文件的编制

任务	某空间建筑装饰施工图文件编制
学习领域	建筑装饰施工图文件编制
行动描述	根据一套小型空间的建筑装饰施工图,进行图面设计、排版;并编制成一套完整的建筑装饰施工图文件。完成后,学生自评,教师点评
工作岗位	设计员
工作依据	《房屋建筑室内装饰装修制图标准》(JGJ/T 244—2011)

续表

工作方法	1. 建筑装饰施工图阅图； 2. 确定编制方案； 3. 完成编制计划表； 4. 进行图面设计和排版； 5. 完成建筑装饰施工图文件编制； 6. 文件编制自审； 7. 评估完成效果
预期目标	通过实践训练，进一步掌握建筑装饰施工图文件的编制内容和编制方法

3. 建筑装饰施工图文件编制流程

（1）进行技术准备。

① 阅读建筑装饰施工图。检查图纸、图表及相关施工图文件，并进行分类。

② 图面设计和排版。根据图纸情况对每张图纸进行图面设计和排版。

（2）工具、资料准备。

① 工具准备：记录本、笔、计算机。

② 资料准备：《房屋建筑制图统一标准》（GB/T 50001—2017）、《房屋建筑室内装饰装修制图标准》（JGJ/T 244—2011）。

（3）文件编制与审核。

① 完成建筑装饰施工图文件编制。

② 采用自审、小组互审的方式检查文件编制的正确性和标准性。

三、评分标准

建筑装饰施工图文件编制评分标准见表 5-2-6。

表 5-2-6　建筑装饰施工图文件编制评分标准（10 分）

序号	评分内容	评分说明	分值
1	编制顺序	按照封面、目录、设计说明、图表、图纸的顺序；按照总图、分图；按照饰施、光饰、饰详、家详、灯详的顺序	3
2	图面原则	图面丰满，排版整齐，构图齐一，引出线整齐，文字对齐	3
3	索引原则	图号编制正确、索引完整、合理，符号标准	2
4	图面统一	字体统一、字号统一、尺寸标注样式统一	2

任务 5.3　建筑装饰施工图文件输出

任务目标

通过本任务学习，达到以下目标：熟悉建筑装饰施工图文件输出的几种形式，掌握建筑装饰施工图的打印设置内容和要求，能够按照任务要求完成施工图文件的打印设置，完成建筑装饰施工图文件的输出。

● 任务内容

输出建筑装饰施工图纸质文件,输出建筑装饰施工图虚拟打印文件。

● 实施条件

编排完成的一套建筑装饰施工图电子文档。

课件
建筑装饰施工图文
件输出

微课
建筑装饰施工图文
件输出

5.3.1　建筑装饰施工图模型空间出图的设置

施工图出图有模型空间打印和布局空间打印两种方式。模型空间是 AutoCAD 的传统模式,布局空间是在 AutoCAD 2007 版本才开始出现。在实际绘图工作中,模型与布局相辅相成,模型空间用来绘图,布局空间用来标注、排版出图、提高效率。

布局可以理解为许许多多的窗口,通过显示不同的图层来达到一张图纸的效果,可以减少一些图元的复制,而且改动图元也是改动了模型,布局也随之改变。

布局绘图出图有很多好处,我们虽然建议尽量使用布局规范化出图,但在实际工作中,经常会遇到模型空间绘制的图纸,所以有必要了解在 AutoCAD 软件中以模型空间输出的方法。

首先对所绘制的图纸进行整体调整,查看主要线型的颜色设置,检查尺寸标注的标准性及文字的字体、字高、标注位置等。

一、线宽设置

图线是施工图中用以表示工程设计内容的规范线条,打印前需要对线宽进行规范设置。按照制图规范的要求,设置线宽组,即粗线(b)、中线($1/2b$)、细线($1/4b$)。一般墙线设置为粗线,图内造型、家具、设备的轮廓线设置为中线,造型装饰线、尺寸线、索引线和图例线等设置为细线。

二、颜色设置

在设置时可以用颜色区分不同的线宽,如 0.6 为粗线,设置为黄色;0.3 为中线,设置为紫色;0.15 为细线,设置为红色。颜色设置只是为了类别区分,打印时可以在打印样式设置中选择黑色打印,但图例线一般需要设置为灰色打印或淡显打印。

三、字高设置

打印出图后所有图纸上的文字和数字字高都应相同,这就需要按照不同比例设置文字和数字的字高,如要求打印出来的图纸中材料标注的文字字高为 3mm,那么在 1：100 的图上设置字高为 300mm,1：50 的图上应设置字高为 150mm,打印输出时必须按照比例打印,这样打印出来的图纸上材料标注文字字高就可做到均为 3mm。

四、比例调整

一般在同一张图纸上安排相同比例的图样,这样输出时比较方便,但也常常有不同比例的详图放在一张图纸上的情况。这时需要调整详图,如按照小比例打印,需要把大比例的图形按照大比例与小比例的比值放大,如图纸上同时有 1：4 和 1：2,我们以 1：4 的比例打印输出,就需要把 1：2 的图样放大 2 倍(1/2 是 1/4 的 2 倍)。注意:

放大时需要将放大的图样和标注做成块，就不会出现尺寸数值变大的问题。

在出图设置的打印比例选择时，输出比例需要适配相应的比例。

以某餐厅包间施工图设置为例，该图纸以 A3 图幅，1∶60 的比例输出。首先，将 A3 图框进行 60 倍放大；然后，将注释部分的尺度进行 60 倍放大，参照制图标准要求，材料标注字高为 3mm，图名字高为 5mm，尺寸标注数字字高为 2.5mm，轴线圆直径为 8mm，当出图比例为 1∶60 时，需将数据均乘以 60，即材料标注字高调整为 180mm，图名字高为 300mm，尺寸标注数字字高为 150mm，轴线圆直径为 480mm；最后，在输出打印的命令中，严格按照 1∶60 的比例输出，即得到标准统一的施工图输出文件，如图 5-3-1 所示。

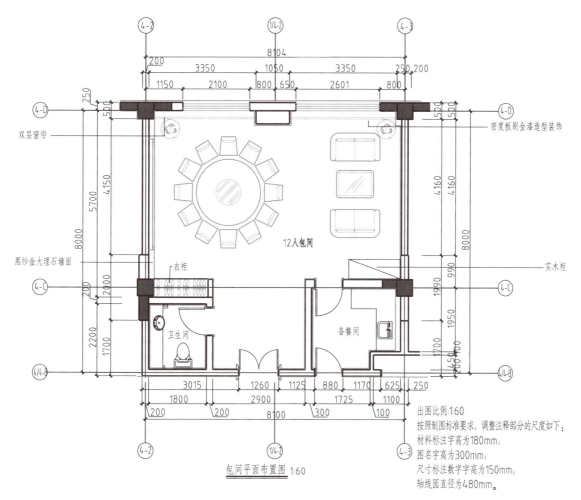

图 5-3-1　某餐厅包间施工图比例设置

确定好所有设置的正确性，就可以对图纸进行输出了。

注意：由于模型状态在不同比例条件下，标注、文字、填充、线型比例等都需要进行相应比例的缩放，容易出错，所以一定要注意检查。

5.3.2   建筑装饰施工图布局空间出图的设置

建筑装饰施工图在布局空间当中输出，其图纸设置部分和模型空间输出略有不同。线宽设置和颜色设置均相同，下面针对字高和比例调整部分进行说明。

一、字高设置

建筑装饰施工图的图样部分均在模型空间按实际尺寸绘制，文字标注部分均在布局空间中绘制，因此字高统一为 3mm 左右，图名字高为 5mm 左右，这样可以保证一套图纸的文字标注统一字体、统一字高。

二、比例调整

建筑装饰施工图在布局空间中进行布图，按照打印纸张的大小绘制图框，如打印为 A3 图纸，就绘制 420mm×297mm 大小的图框，在图框中绘制视口，按比例显示施工图。一般情况下，一张图纸中每个图样都建立一个视口，如一个图纸上有多个不同比例的施工图，就新建多个视口，可以在新建视口中按所需的比例显示。图 5-3-2 所示为某餐厅包间节点图视口设置。

布局输出是按视口比例输出的，所以输出比例是 1∶1。

5.3.3   打印机设置

在菜单栏选择 文件(F) →"打印"命令，弹出打印的"页面设置"对话框，如图 5-3-3 中框线标识，需要设置的标签有"打印机""图纸尺寸""打印区域""打印比例""打印样式表"和"图形方向"，其他标签保持默认。

一、打印机及图纸尺寸选择

在"打印机/绘图仪"标签下可以选择打印机名称，打印机分为真实的打印机和虚拟打印机两类。实际工作中，经常需要通过虚拟打印机将图纸转为 PDF 格式。常用的虚拟打印机有系统默认安装的 Adobe PDF、DWG To PDF，以及需要另外安装的 pdfFactory Pro 虚拟打印机。工作中也有输出图片格式的需要，系统同时也提供了 Publish To Web JPG 和 Publish To Web PNG 的虚拟打印机。

1. 真实打印机

真实打印机根据型号和大小可以打印 A0、A1、A2、A3、A4、B5 等多种规格，在"打印机/绘图仪"标签的"名称"栏将出现已经安装的打印机型号，选择需要使用的打印机，"图纸尺寸"中将出现该打印机可以打印的图纸尺寸，选择需要的尺寸即可，如图 5-3-4 所示为惠普打印机选项。将鼠标指针点在右侧的图纸预览框中，可以看到可打印区域的显示，如不符合要求，可单击【特性】按钮，修改图纸尺寸，重新设置可打印区域。

2. Adobe PDF 虚拟打印机

Adobe PDF 虚拟打印机可以直接选择 A1 和 A0 图纸，输出的文件用 PDF 阅读器打开之后有页面和标签，但没有图层，如图 5-3-5 所示。

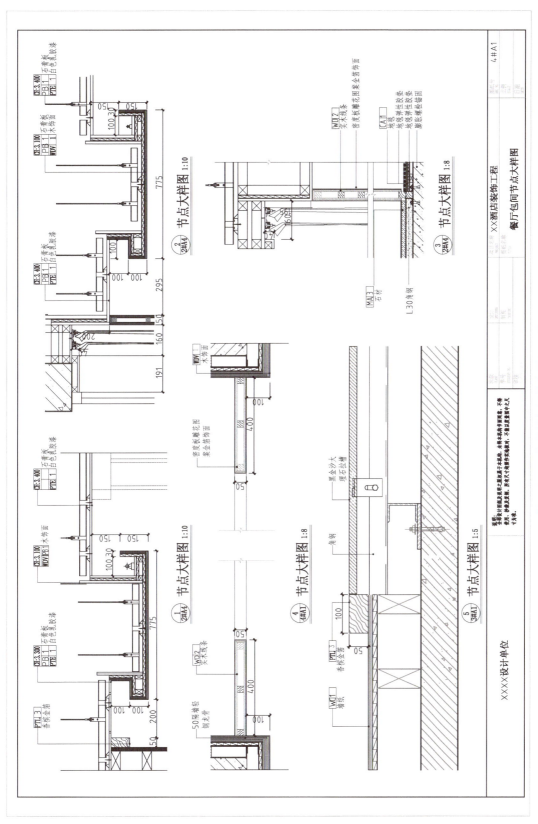

图 5-3-2　某餐厅包间节点图视口设置

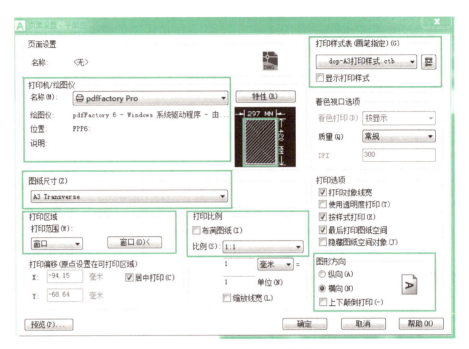

图 5-3-3　打印页面设置对话框

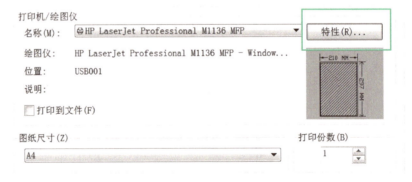

图 5-3-4　惠普打印机选项

图 5-3-5　Adobe PDF 虚拟打印机选项

3. DWG To PDF 虚拟打印机

DWG To PDF 虚拟打印机无法直接选择 A1 和 A0 图纸,但可以自主选择相应的图纸尺寸。不同的选择主要体现为页边距的不同。以 A1 图幅举例,Auto CAD 打印选择图纸时,ISO full bleed A1 和 ISO A1 的纸张尺寸都是一样的,只是它们的页边距设置不一样,可根据自身的需要来选择,如图 5-3-6 所示。full bleed 中文译为全出血,全出血打印指的就是无边距打印,即被打印的文档可以打印至纸张边缘,实现全纸张无边距打印,因此这种方式所打印出来的范围最大,更多的内容就可以显示出来,包括所有的边框。而 ISO A1 是国际标准 A1 图纸,打印的边界距离要更大,相应的打印范围就被压缩,因此会产生部分边框不能打印出来的情况。

图 5-3-6　DWG To PDF 虚拟打印机选项

相较于 Adobe PDF 虚拟打印机,选择用 DWG To PDF 出图,输出的文件用 PDF 阅读器打开之后,可以看到输出的 PDF 文件都是带图层信息的,可以在出图之后自主关闭打开图层,非常便利。

4. pdfFactory Pro 虚拟打印机

pdfFactory Pro 虚拟打印机被各大设计院广泛使用,这款打印机需要下载 pdfFactory Pro 虚拟打印机软件并安装。pdfFactory Pro 虚拟打印机具有突出的优势,不同于以上两款 AutoCAD 自带虚拟打印机只能输出单张图纸,pdfFactory Pro 虚拟打印机可以将所有布局一次性输出,统一将所有页面保存为一个 PDF 文件,使输出工作效率大大提高,如图 5-3-7 所示。

图 5-3-7　pdfFactory Pro 虚拟打印机选项

5. Publish To Web JPG 虚拟打印机

Publish To Web JPG 虚拟打印机无法选择有尺寸规格的图纸,是按照像素来确定图纸质量的,像素越大,图纸越清晰,装饰施工图因图线较多,建议设置较大的像素。按像素定义的图纸尺寸可以在"特性"里自定义,如图 5-3-8 所示。

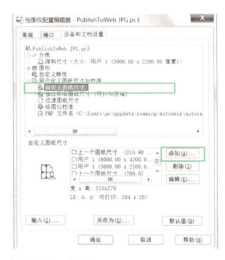

图 5-3-8　Publish To Web JPG 虚拟打印机选项

二、打印区域及打印比例设置

在打印页面设置对话框上找到"打印区域"设置区,选择"窗口"图标,之后在绘图界面框选出需要打印的区域并确定,根据打印要求选择是否勾选"居中打印"复选框。

一般我们需要按照比例打印,需取消勾选"布满图纸"复选框。如果布局出图,"比例"选择"1∶1",如果模型出图,则需要根据图纸出图比例进行相应调整。图 5-3-9 所示为布局打印出图区域及打印比例设置。

三、图形方向

AutoCAD 软件默认图形方向为横向,如需打印竖向,可以选中"纵向"单选按钮,如图 5-3-10 所示。

图 5-3-9　打印区域及打印比例设置　　　　　图 5-3-10　图形方向

四、打印样式表的设置

在 AutoCAD 里,打印样式表可以指定 AutoCAD 图纸里的线条、文字、标注等各个图形对象在打印的时候用何种颜色打出来,打印出的线条宽度是多少等。

　　默认的打印样式表为 acad.ctb；常用的打印样式表为 monochrome.ctb。除了默认，还可以从外部加载设置好的打印样式表文件。另外还可以编辑相应参数，来定制保存并调用符合自己使用习惯的打印样式表文件。下面进行详解介绍。

　　选用 acad.ctb 打印样式表出图，打印图形的颜色为图形绘图时图层的颜色，线宽为图层设置的线宽，如图 5-3-11 所示。

　　如果在图层里设定了线宽并且希望用图层里设定的线宽进行打印，就可以采用AutoCAD 里自带的名为"monochrome.ctb"的打印样式表，打印样式表仅指定用黑色来进行打印，线宽仍将使用对象原有的线宽。单击打印，单击打印样式表下面的黑三角，在下拉列表中选择"monochrome.ctb"选项，如图 5-3-12 所示。

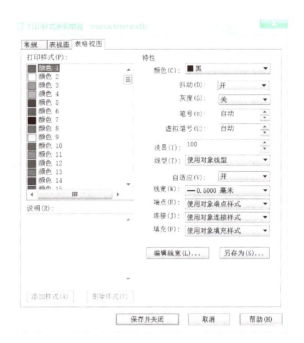

图 5-3-11　acad.ctb 打印样式表　　　　　图 5-3-12　monochrome.ctb 打印样式表

　　除了运用默认的打印样式表，在实际工作中，一般会根据制图的图层习惯在"打印样式表编辑器"里面进行修改，分别选中相应的颜色修改对应的打印颜色和线宽、线型，然后单击【另存为(S)】按钮，根据使用习惯命名就可以将打印样式表的设置保存，下次使用时，可以直接在打印样式表下拉列表中调用。

5.3.4　建筑装饰施工图文件输出设置

　　在完成上述打印设置后，就可以进行图纸输出了。首先单击左下角的"预览"按钮，查看输出页面效果，检查是否有遗漏的设置，或者是否有输出效果问题，可以退出返回打印页面调整设置，当确认没有问题后，即可关闭预览，单击右下角的"确定"按钮，即可输出想要的图纸或者电子文件，也可在预览页面使用鼠标右键单击，在弹出的快捷菜单中单击"打印"选项。图 5-3-13 所示为最终打印结果。

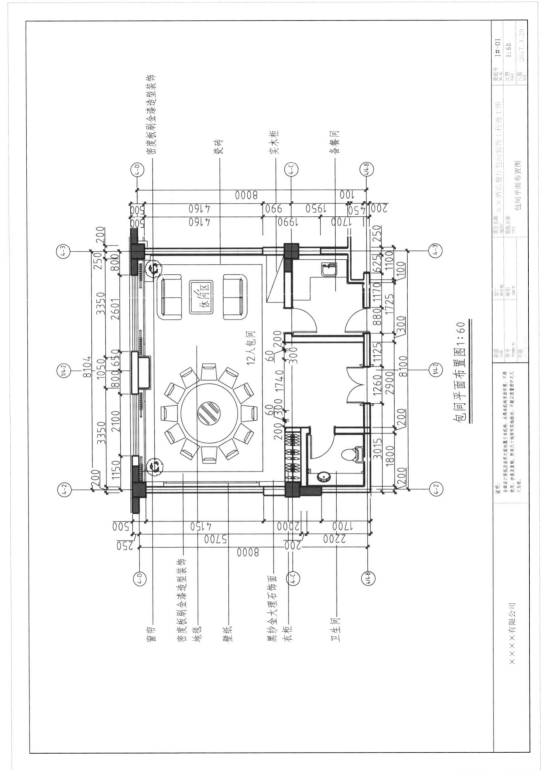

图 5-3-13 最终打印结果

任务实施：建筑装饰施工图文件输出

一、任务条件

给出一套绘制完成的建筑装饰施工图文件。

二、任务要求

1. 输出设置能力训练

（1）在默认的 monochrome.ctb 打印样式表上重新编辑，建立自己常用的打印样式表。

（2）根据布局空间打印图纸的要求进行打印设置并输出。

2. 完成建筑装饰施工图文件的输出

完成给出的建筑装饰施工图 PDF 虚拟文件的输出，见表 5-3-1。

表 5-3-1　根据某建筑装饰施工图完成施工图 PDF 虚拟文件的输出

任务	输出建筑装饰施工图 PDF 虚拟文件
学习领域	建筑装饰施工图 PDF 虚拟文件输出
行动描述	根据一套建筑装饰施工图，按照模型空间输出或者布局空间输出的要求，进行线宽、色彩、文字、比例等的输出设置；并完成一套完整的建筑装饰施工图 PDF 虚拟文件的输出。完成后，学生自评，教师点评
工作岗位	设计员
工作依据	《房屋建筑室内装饰装修制图标准》（JGJ/T 244—2011）
工作方法	1. 建筑装饰施工图阅图； 2. 确定输出方案； 3. 进行打印设置； 4. 完成建筑装饰施工图文件输出； 5. 文件自审； 6. 评估完成效果
预期目标	通过实践训练，进一步掌握建筑装饰施工图 PDF 虚拟文件打印设置和输出方法

3. 建筑装饰施工图文件输出流程

（1）进行技术准备。

① 阅读建筑装饰施工图，了解图纸内容。

② 检查建筑装饰施工图的线宽、颜色、文字数字等设置。

③ 按类别排列图纸。

（2）工具、资料准备。

① 工具准备：记录本、笔、计算机。

② 资料准备：《房屋建筑制图统一标准》（GB/T 50001—2017）、《房屋建筑室内装饰装修制图标准》（JGJ/T 244—2011）。

（3）文件输出与审核。

① 完成建筑装饰施工图 PDF 虚拟文件输出。

② 采用自审、小组互审的方式检查文件输出的正确性和标准性。

三、评分标准

建筑装饰施工图文件输出评分标准见表 5-3-2。

表 5-3-2   建筑装饰施工图文件输出评分标准(10分)

序号	评分内容	评分说明	分值
1	打印样式表	黑白打印、图例淡显、线宽合理	3
2	打印机和图幅	按要求选择打印机,图幅正确、打印边距设置合理	3
3	输出比例	按图纸比例输出文件	2
4	输出文件图面效果	线宽合理,文字、数字的字体、字高统一,尺寸标注统一	2

项目拓展实训

根据已经绘制完成的建筑装饰施工图进行图表的编制,完成文件的排序和编制,根据图面设计原则,调整线宽、字体字号、符号等,按照齐一性原则排版,完成 A3 图幅的纸质文件输出。

习题与思考

1. AutoCAD 可以支持几种不同的打印文件类型?分别怎么应用?其打印设置的区别有哪些?

2. 为了能更高效快捷地输出文件,在绘制建筑装饰施工图的时候就应该注意完成某些设置,请思考可提前完成哪些设置?

项目 6

建筑装饰施工图的审核

想一想：
1. 为什么要审核建筑装饰施工图？
2. 审核建筑装饰施工图应该包含哪些方面？

学习目标

建筑装饰故事
人民大会堂

通过项目活动，学生能够熟知建筑装饰施工图审核的基本知识，能正确理解建筑装饰施工图的审核内容和实施方法，能进行建筑装饰施工图自审，能了解建筑装饰施工图会审的程序和内容，能完成施工过程中的图纸变更设计。

项目概述

对一套建筑装饰施工图进行审核，依据制图标准、施工规范等相关行业规范文件，根据施工图深化要求，审核图纸的正确性、完整性和标准性，形成审核报告。模拟会审现场，从不同专业角度查找图纸问题，形成会审记录表。根据审核结果修改图纸。

任务 6.1 建筑装饰施工图自审

任务目标

通过本任务学习，达到以下目标：熟悉建筑装饰施工图自审的内容和要求，掌握建筑装饰施工图审核的过程，掌握建筑装饰施工图自审的方法，能够根据不同建筑空间类型制订自审计划，把握审核的要点，能够按照要求正确自审建筑装饰施工图，并能提出审核意见。

任务描述

● 任务内容

对某空间建筑装饰施工图进行自审,形成审核报告。

● 实施条件

1. 某空间建筑装饰施工图。

2.《房屋建筑制图统一标准》(GB/T 50001—2017)、《房屋建筑室内装饰装修制图标准》(JGJ/T 244—2011)。

知识准备

6.1.1　建筑装饰施工图审核的重要性

任何一项建筑装饰工程开工之前都要充分做好准备工作,其中对施工图的审核,就是施工准备阶段的重要技术工作之一。为了做好施工前的准备工作,建筑装饰施工图的审核可以分为设计单位自审、施工部门阅图审核、建设单位与设计单位的联合会审三个阶段。

作为施工技术人员如果对设计图纸不理解,发现不了图纸上存在的问题,这势必会在后续施工过程中造成困难。因此,审核图纸是做好建筑装饰施工的基本前提,是施工得以顺利进行的保障。

设计绘制好的建筑装饰施工图是设计制图人员的思维成果,是对建筑装饰装修的设计构思。这种构思形成的建筑装饰是否完善,是否切合环境的实际、施工条件的实际、施工水平的实际等,是否能在一定施工条件下实现,这些都要求施工人员通过读图,领会设计意图及审核图纸中发现问题、提出问题,由设计部门和建设单位、施工部门统一意见对图纸做出修改、补充,使建筑装饰施工图能够正确指导建筑装饰工程施工。

建筑装饰工程中包括各种专业的设计施工图纸,由于各专业的设计程序不同,综合到一个工程中时,就会出现一些矛盾。一些缺乏现场施工经验的设计人员绘制的图纸难免会有不合理之处,或在构造设计上施工难以实现,甚至有可能出现错误的设计。因此,施工图的自审尤为重要。

6.1.2　自审建筑装饰平面图

建筑装饰平面图是反映房屋总体定位、空间功能布局、家具陈设布置、地面材料铺装的重要图纸,在施工中具有重要地位。

一、审核建筑装饰总平面图

建筑装饰总平面图一般应审核的内容见表6-1-1。

二、审核平面布置图

每个房间都应有平面布置图,一般应审核以下内容。

(1)审核房间平面布置图和建筑装饰总平面图是否对应,有无矛盾冲突的地方。

表6-1-1 建筑装饰总平面图审核内容

审核内容	备注说明
审核总平面房屋布局是否满足各种功能的使用要求	如客房楼层应包含单间、双人间、套间、服务人员用房、辅助用房等房间,每个客房应包括休息与洗漱的房间
审核建筑装饰总平面内的布置是否合理,使用上是否方便	例如公共房屋的大间只开一扇门能不能满足人员的疏散;公用盥洗室是否便于找到,且又比较雅观。走廊宽度是否合适,太宽浪费空间,太窄又不便于通行
查看平面图上尺寸标注是否齐全,分尺寸的总和与总尺寸是否相符	发现缺少尺寸,但又无法从计算中求得,这就要作为问题提出来。再如尺寸间互相矛盾,又无法得到统一,这些都是审图应看出的问题
查看较长公共建筑的路线设计、出入口设计是否符合人流疏散的要求和防火规定	例如使用人数较多的大会议室、展演厅根据空间尺度,需要设置2~6个出入口,才能满足人流疏散的要求

（2）审核房间平面图的布置是否合理,使用功能是否齐全,人流路线是否流畅。如超市平面布局需要考虑合理布局购物空间、服务空间和行走空间,购物空间中需要考虑是否满足几股人流同时购物,是否还要同时满足通行的需要。

（3）通过平面布置图可以看出落地立面造型在平面上的形状、所占空间及与平面家具与陈设的关系是否得当。

三、审核地面铺装图

一般应审核以下内容。

（1）查看地面铺装图与平面布置图是否对应,家具陈设部分是否一致。

（2）查看地面铺装材料、规格是否标示清楚。

（3）查看地面铺装图是否标示地面起铺点和铺设方向,地面铺装是否考虑设施设备的布置,设计是否合理,在施工中是否能够实现。如地漏位置固定,铺设施工时需考虑地砖容易裁切。

（4）地面拼花设计是否考虑家具与陈设的布置,在施工后是否影响美观。

四、审核平面尺寸定位图

一般应审核以下内容。

（1）查看平面图上的定位尺寸注写是否齐全、详细,分尺寸的总和与总尺寸是否相符。

（2）查看地面定位尺寸是否与立面造型对应。

（3）查看地面定位是否影响家具的使用,如地面地插的使用,需要考虑能隐藏在家具或陈设下面。

6.1.3 自审顶平面图

建筑装饰工程的顶部装饰设计一般比较复杂,吊顶样式繁多,需要总顶平面图和房间顶平面图,复杂造型还应绘出剖面图与节点大样图。

审核建筑装饰顶平面图可以包括以下几个方面。

（1）从顶平面图上可以了解房屋吊顶后的标高，顶平面图上的标高是否符合空间使用的要求，审核楼板结构尺度在完成吊顶造型后是否与吊顶标高符合。如房屋梁底一般比较低，吊顶造型设计时是否考虑梁的尺寸。

（2）通过顶平面图可以看出顶立面造型在顶棚上的形状，顶棚造型与顶部灯具设备的关系是否得当。

（3）审核顶棚造型的构造做法，吊顶装饰造型是否能够施工，如材料与施工工艺是否能达到设计的要求等。

（4）查看顶棚选择的装饰材料是否适用于顶部，其构造设计的安全性如何，如大块玻璃、石材都是在顶部慎用的材料。

（5）顶棚造型设计时常常需要隐藏各种管线，通过图纸查看顶棚设计尺度是否考虑暗藏设备的尺度。

（6）顶棚设计有灯具、烟感、喷淋及空调管道、风口等设施设备，通过图纸查看这些设施设备的数量和位置是否满足使用要求等。

6.1.4　自审立面图

建筑装饰立面图能反映出设计人员在建筑装饰风格上的艺术构思。它为整体设计风格服务，因此，当设计风格确定，立面装饰造型确定后，设计人员一般不愿意更改。

根据经验，审核建筑装饰立面图可以包括以下几个方面。

（1）从立面图上了解标高及装饰造型的尺寸，审核分尺寸与总尺寸有无误差、是否矛盾。立面高度是否与吊顶标高一致。

（2）立面上的装饰造型是否具有可操作性，如材料与施工工艺是否能达到设计的要求等。

（3）审核立面的装饰材料是否符合当地的外界条件，如是否容易污染或在当地环境中容易被腐蚀，或者在当地气候特征下，容易变形或不宜维护等。

（4）立面造型设计时常常需要隐藏一些立面上的构件，如水管、暖气管等。这时需要审核立面造型的处理手法是否会影响设备设施的使用效果；审核根据设施设备的自身特性是否会影响到立面造型的美观，如暖气管因发热会使某些材料变色、变形等。如果发现不确定的问题，可以提出，会同其他专家解决。

（5）立面上不能完全表达的造型是否标示有剖面图或节点大样详图。

6.1.5　自审剖面图

建筑装饰造型复杂琐碎，要想完整表达装饰造型，需要有剖面图进行详细说明。

审核建筑装饰剖面图可以包括以下几个方面。

（1）从图纸上查找该剖面图的剖切索引符号，了解剖面图在平面图或立面图上的剖切位置，根据看图与空间想象，审核剖切方向和绘制内容是否准确。再看剖面图上的标高与竖向尺寸是否符合，与相对应图纸上所注的尺寸、标高有无矛盾。

（2）建筑装饰图的立面造型或顶棚造型常常绘制详细的剖面图来说明，剖面图应有明确的详图符号，标示详图编号和被索引图号，方便查找被索引的图形。根据图纸，查看剖切是否准确,尺寸是否正确。

（3）较大比例的剖面图需绘制内部构造做法,通过图纸查看构造做法是否正确,材料的图例和尺寸标示是否正确,剖切厚度是否与造型厚度一致等问题。

6.1.6　自审节点大样图等详图

建筑装饰造型复杂多样,装饰新材料也是层出不穷,构造做法也可以灵活变化,要完成设计需要的装饰造型,可以采用多种构造做法来完成。如果详图不全,会使得施工人员随意制作,将缺乏规范性;另外有的装饰造型非常复杂,也需要绘制详细的大样图。

审核建筑装饰节点大样图可以包括以下几个方面。

（1）需仔细查看一些节点或局部处的构造详图。构造详图有在成套施工图中的,也有采用标准图集上的。凡属施工图中的详图,必须结合该详图所在建筑装饰施工图中的被索引部分一起审阅。如石材干挂节点图,就要看被索引部分是在平面上还是在立面上。了解该详图来源后,再看详图上的标高、尺寸、构造细部是否有问题,或是否能实现施工。

（2）凡是选用标准图集的,先要看选得是否合适,即该标准图与施工图能不能结合上。有些标准图在与施工图结合使用时,连接上可能要做些修改,这就需要提出来,并重新绘制。

（3）审核详图时,尤其标准图要看图上的零件、配件目前是否已经淘汰,或已经不再生产,不能不加调查,随便运用。

任务实施：建筑装饰施工图审核

一、任务条件

一套完整的建筑装饰施工图,已经完成图表、图面排版等编制内容,并打印出图编制成册。

二、任务要求

根据装饰设计方案和装饰施工要求,审核一套建筑装饰施工图,以制图标准和相关装饰施工规范为依据,分别审核装饰施工图的平面图、顶棚平面图、立面图、固定家具图、剖面图、节点大样图、图表、图纸编排等内容。要求装饰施工图的编制内容完整,图纸深化设计正确,装修界面绘制深度、尺寸标注深度、断面绘制深度设置合理,符合制图标准,最后形成审核报告,提出审核意见,见表6-1-2。

表6-1-2　审核一套建筑装饰施工图

任务	建筑装饰施工图审核训练
学习领域	建筑装饰施工图审核
行动描述	教师提供一套建筑装饰施工图,提出建筑装饰施工图审核要求。学生对照建筑装饰施工图绘制内容和要求、一般构造做法、行业标准和规范等审核图纸,并按照制图标准、图面原则设置检验施工图文件,做好审核记录,并提出审核意见
工作岗位	设计员
工作依据	《房屋建筑室内装饰装修制图标准》(JGJ/T 244—2011)

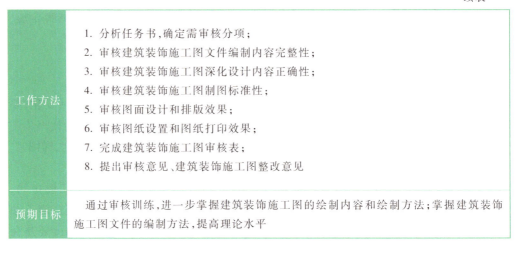

工作方法	1. 分析任务书,确定需审核分项; 2. 审核建筑装饰施工图文件编制内容完整性; 3. 审核建筑装饰施工图深化设计内容正确性; 4. 审核建筑装饰施工图制图标准性; 5. 审核图面设计和排版效果; 6. 审核图纸设置和图纸打印效果; 7. 完成建筑装饰施工图审核表; 8. 提出审核意见、建筑装饰施工图整改意见
预期目标	通过审核训练,进一步掌握建筑装饰施工图的绘制内容和绘制方法;掌握建筑装饰施工图文件的编制方法,提高理论水平

建筑装饰施工图审核流程:

(1) 进行技术准备。对照设计方案识读建筑装饰施工图。对照建筑装饰设计方案,了解方案设计立意,审核施工图是否正确反映设计意图。

(2) 工具、资料准备。

① 工具准备:记录本、工作页、笔。

② 资料准备:《房屋建筑制图统一标准》(GB/T 50001—2017)、《房屋建筑室内装饰装修制图标准》(JGJ/T 244—2011)、《内装修——楼(地)面装修》(13J 502-3)、《内装修——室内吊顶》(12J 502-2)、《内装修——墙面装修》(13J 502-1)、《内装修——细部构造》(16J 502-4)。

(3) 按照计划审核建筑装饰施工图。学生按照审核计划开始审核图纸,完成表 6-1-3 所示工作页 6-1(建筑装饰施工图审核表),并提出审核意见。

表 6-1-3   工作页 6-1(建筑装饰施工图审核表)

序号	分项	指标	审核意见
1	平面图	内容正确完整;深化合理; 符合制图标准	
2	顶棚平面图		
3	立面图		
4	固定家具图		
5	装饰详图		
6	图表	内容正确、完整	
7	文件编制	图号编制;图名编制;比例合理;符号齐全、标注准确	
8	输出效果	线宽合理、字体字号统一、排版整齐饱满	

三、评分标准

建筑装饰施工图审核见表 6-1-4。

表6-1-4　建筑装饰施工图审核评分标准（10分）

序号	评分内容	评分说明	分值
1	内容完整性审核	能审核出应有的图纸内容完整,绘图深度合理,尺寸标注完整,材料标注完整	3
2	绘图正确性审核	能审核出图纸表达正确,构造设计合理,图纸内容相互对应,关联准确	3
3	制图标准审核	能审核出线型和线宽正确、符号表达正确、尺寸标注正确、字体字号统一、图例选择正确、比例合理	2
4	图纸编制审核	能审核出封面内容完整、图表编制正确合理、排版整齐饱满	2

任务6.2　建筑装饰施工图会审

任务目标

通过本任务学习,达到以下目标:熟悉建筑装饰施工图会审的过程,掌握建筑装饰施工图会审的内容和要求,掌握建筑装饰施工图会审的方法,能够根据项目要求会审图纸,能查找出图纸中存在的问题,能提出审核意见

任务描述

• 任务内容

对已完成出图的建筑装饰施工图文件进行会审。

• 实施条件

1. 打印出图的一套建筑装饰施工图文件。
2. 施工图中所列的标准图集。
3. 会审记录表。

知识准备

6.2.1　建筑装饰施工图会审的过程

建筑装饰施工图完成后,在施工前需要会同建设单位,邀请设计单位进行会审,把问题在施工图上统一,做成会审纪要。设计部门根据会审结果再补充修改施工图。这样施工单位就可以按照施工图、会审纪要和修改补充图来指导施工生产了。

6.2.2　各专业工种的施工图自审

自审人员一般由施工员、预算员、施工测量放线人员、木工、水电工等组成,先自行学习图纸。看懂图纸内容,将不理解、有矛盾的地方,以及认为是有问题的地方记在自审图记录本上,作为工种间交流及在设计交底时提问使用。

课件
建筑装饰施工图会审

微课
建筑装饰施工图会审

6.2.3　工种间自审图纸后进行交流

交流的目的是把分散的问题进行集中。在施工单位内能自行统一的问题先进行统一,能先解决的问题先解决。留下必须由设计部门解决的问题由主持人集中记录,并根据专业不同、图纸编号的先后不同编成问题汇总。

6.2.4　图纸会审

会审时,先由该工程设计主持人进行设计交底,说明设计意图,以及应在施工中注意的重要事项。设计交底完毕后,再由施工单位把汇总的问题提出来,请设计部门答复解决。解答问题时可以分专业进行,各专业单项问题解决后,再集中起来解决各专业施工图校对中发现的问题。这些问题必须经建设单位(甲方)、施工单位(乙方)和设计部门三方协商取得统一意见,形成决定书面文件,称为"图纸会审纪要"文件。

一般图纸会审有以下内容。

(1)是否无证设计或越级设计,图纸是否经设计单位正式签署。

(2)施工图纸与说明是否齐全,有无分期供图的时间表。

(3)总平面图与施工图的几何尺寸、平面位置、标高是否一致。

(4)防火、消防是否满足行业标准规范的规定要求。

(5)施工图中所列标准图集、施工单位是否具备。

(6)材料来源有无保证,能否代换;图中所要求的条件能否满足;新材料、新技术、新工艺的应用有无问题。

(7)装饰造型构造是否合理,是否存在不能施工、不便施工的技术问题,或容易导致质量、安全、工期、工程费用增加等方面的问题。

(8)室内家具与陈设由谁购置,设计人员如何把握整体设计风格的问题。

(9)施工安全、环境卫生有无保证。

形成"图纸会审纪要"后,看图、审图工作基本告一段落。即使在以后施工中再发现问题,问题也很少了,有的问题也可以根据会审时确定的原则,在施工中进行解决。但是至此看图、审图工作并不是结束了,施工工程中难免还有其他问题出现,这就需要施工人员结合施工技术水平、施工经验等解决问题。

案例:某酒店室内装饰施工图会审部分介绍(表6-2-1、图6-2-1)。

表6-2-1　施工图纸会审记录

编　号:001

共 1 页　第 1 页

工程名称	某酒店室内精装修工程		日期	年　月　日
主题	-2F～3F、11F～13F装饰部分问题		地点	会议室
序号	提出图纸问题	图纸编号	修订意见	
1	E01、E05、E06立面无剖面图,是否以平面为准	1F-1E-01、04	设计补图	

续表

序号	提出图纸问题	图纸编号	修订意见
2	大堂地面设有地暖且总长 26m,拼花石材铺贴是否需要留伸缩缝	1F-1P-03	施工单位建议留伸缩缝,请设计明确
3	E12 立面石材套框与墙纸、木饰面门楣及木饰面套框与墙纸无剖面做法	1F-1E-07	设计补图
4	一层大堂 E09 图中壁炉用什么材料做? 无节点大样	1F-1E-05\E09	设计补图
5	节点图示意天花吊顶采用 $\phi 10mm$ 丝杆与主龙骨连接,该区域建筑层高 13960mm,天花吊顶完成面高度为 11200mm,吊杆长度达 2840mm;建议采用钢架转换层(公区吊顶基层层高超过 1500mm,建议全部采用钢架转换层)	1F-1D-01	需增加钢架转化层,深化后确认
6	S02 节点图 GRG 线条宽度达 420mm,此部位建议增加钢骨架	1F-1D-01	同意使用钢架,深化后确认
7	S04 节点图侧挂石材钢架示意 5#镀锌角钢与结构梁底部连接,该部位悬挂约为 1700mm,建议在结构梁两侧采用 6#槽钢增强结构稳定性	1F-1D-02	同意
8	S05 节点图 LED 灯如何检修	1F-1D-02	设计补图
9	S06 节点图材料标注为石材,1F-1E-07 立面图标注是木饰面;请确认材质? 如饰面是石材,该部位墙面高度达 5400mm,建议 5#角钢更改为 8#槽钢	1F-1D-02	同意
10	S07 节点图侧挂石材悬挑 500mm,高度 1800mm 且图中标注为 5#角钢,建议采用 200mm×200mm×8mm 钢板底座,8#槽钢做主钢架	1F-1D-03	同意
11	S07 节点图隔断外框骨架未见材质标注,另玻璃隔断高 3150mm、宽 2750mm,图中示意边框为 60mm×30mm,中间分格条为 60mm×10mm。 强度问题:玻璃压条不锈钢三角形折边加工难度较大,另需固定方式	1F-1D-04	按图施工

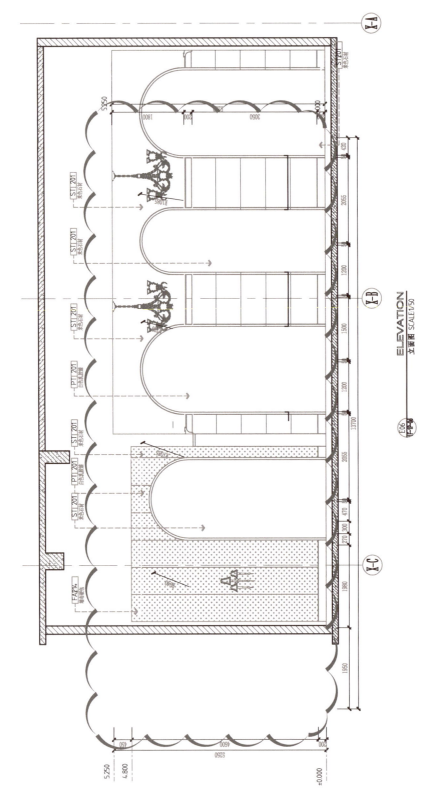

图 6-2-1 某酒店室内装修 E06 图纸.

　　施工人员在审阅 E06 图纸时,发现该图纸上无相应的剖面图,对此提出疑问并记录,会审时的修订意见是要设计补图。这样就把施工图中的问题在具体施工前解决了,以免耽误工期。

任务实施:建筑装饰施工图会审

一、任务条件
打印出图的一套建筑装饰施工图、会审纪要表。

二、任务要求
1. 模拟施工单位自审
学生分别扮演施工单位各工种人员,对绘制出的建筑装饰施工图审图,提出问题。

2. 模拟各工种审图后交流
学生分别扮演施工单位各工种人员,分别对建筑装饰施工图提出问题进行交流,模拟解决部分问题,形成记录。

3. 模拟会审
学生组成会审小组,分别扮演建设单位、施工单位、设计单位、监理单位,对绘制出的建筑装饰施工图进行会审,形成会审纪要,见表 6-2-2。

表 6-2-2　会审一套建筑装饰施工图

任务	建筑装饰施工图会审
学习领域	建筑装饰施工图审核
行动描述	教师提供一套建筑装饰施工图,提出建筑装饰施工图会审要求。学生组成会审小组,分别扮演建设单位、施工单位、设计单位、监理单位,对绘制出的建筑装饰施工图进行会审。各方代表站在本单位的利益上检验施工图文件是否能正确指导施工、有无错误和遗漏、是否符合项目要求、是否能够成为完成施工的有效依据,做好审核记录,并提出审核意见,形成会审纪要
工作岗位	设计员、施工员、材料员
工作依据	《房屋建筑室内装饰装修制图标准》(JGJ/T 244—2011)、《建筑内部装修设计防火规范》(GB 50222—2017)
工作方法	1. 分析任务书,明确扮演角色,明确需审核范围; 2. 会审施工图表达与设计意图有无出入; 3. 会审消防安全是否符合规范要求; 4. 会审建筑装饰施工图是否符合项目要求; 5. 会审落实装饰构造和施工工艺; 6. 会审落实装饰材料、设备、家具等的采购; 7. 提出审核意见; 8. 完成表 6-2-3 所示工作页 6-2(建筑装饰施工图会审纪要)的填写
预期目标	通过会审训练,从多方角度审核图纸,明确建筑装饰施工图在施工中的重要性,进一步提高建筑装饰施工图的深化设计能力,提升建筑装饰施工图的绘制和编制能力

4. 建筑装饰施工图会审流程

（1）进行技术准备。对照设计方案识读建筑装饰施工图。

（2）工具、资料准备。

① 工具准备：记录本、工作页、笔。

② 资料准备：《房屋建筑制图统一标准》（GB/T 50001—2017）、《房屋建筑室内装饰装修制图标准》（JGJ/T 244—2011）、《建筑内部装修设计防火规范》（GB 50222—2017）。

（3）按照会审要求完成建筑装饰施工图会审。由教师组织，学生组成会审小组，模拟技术交底现场进行施工图会审，进一步检验施工图文件。会审小组由建设单位（甲方）、监理单位、施工单位和设计部门等相关单位组成，学生分别扮演甲方代表、施工单位各专业人员（施工员、预算员、施工测量放线人员、木工、水电工）、设计单位代表（绘制图纸的同学）的角色，由设计单位代表进行技术交底，详细说明图纸内容，以及应在施工中注意的重要事项。交底完毕后，由施工单位提出问题，请设计单位代表答复解决，形成"图纸会审纪要"文件，完成表6-2-3所示工作页6-2（建筑装饰施工图会审纪要）的填写。

表 6-2-3　工作页 6-2（建筑装饰施工图会审纪要）

会议议题		主持人	
工程名称		整理人	
地点		时间	
参加单位及人员 （附会议签到表）	建设单位：		
	监理单位：		
	设计单位：		
	施工单位：		
会议议程及内容			
施工单位、监理单位、建设单位对图纸提出了相关问题，设计院答复形成纪要：			
序号	提出图纸问题		修订意见
1			
2			
3			
4			
5			
6			
7			
8			

（4）提出审核意见。提出审核意见及建筑装饰施工图整改意见。

（5）修改图纸。根据整改意见修改建筑装饰施工图。

三、评分标准

建筑装饰施工图会审评分标准见表6-2-4。

表 6-2-4   建筑装饰施工图会审评分标准（10 分）

序号	评分内容	评分说明	分值
1	施工图表达	能审核出施工图表达与设计方案的契合度	2
2	消防安全	能审核出施工图是否符合消防安全等规范要求	2
3	项目要求	能审核出是否符合项目施工的要求	2
4	装饰构造和施工工艺	能审核出装饰构造的正确合理性，是否能正常施工，落实新材料新工艺	2
5	材料、设备、家具采购	落实材料的选购，设备、家具的采购和安装	2

任务 6.3   建筑装饰施工图的变更设计

任务目标

通过本任务学习，达到以下目标：熟悉建筑装饰施工变更设计的基本知识，熟悉建筑装饰施工变更设计的程序和内容，掌握施工图变更的办理程序，明确施工图变更的注意事项。

任务描述

• 任务内容

在施工过程中，根据现场情况和甲方更改意见，对已完成的建筑装饰施工图文件进行图纸变更，绘制变更施工图。

• 实施条件

1. 装饰施工图和变更通知单。

2.《房屋建筑制图统一标准》（GB/T 50001—2017）、《房屋建筑室内装饰装修制图标准》（JGJ/T 244—2011）。

知识准备

课件
建筑装饰施工图设计变更

6.3.1   建筑装饰施工图变更设计的概念

变更设计是指在建筑装饰装修设计或施工中因完善设计方案或其他原因而需变更原设计方案的应出具变更设计方案。变更设计包括变更原因、变更位置、变更内容（或变更图纸）以及变更的文字说明。

微课
建筑装饰施工图设计变更

6.3.2   变更设计程序

（1）提出设计变更。根据实际情况可由施工单位或项目指挥部提出，也可由监理单位或原设计单位提出变更；提出设计变更的建议应当采取书面形式，并应当注明变更理由。设计审查单位、主管部门也可以提出设计完善意见和设计变更建议。

（2）监理单位审查（限施工单位提出的设计变更）。

（3）原设计单位完成方案设计或征求原设计单位意见（限委托其他设计单位编制设计变更文件）。

（4）方案论证及比选。比选时，建设单位可以组织勘察、设计、施工、监理等单位对设计变更建议进行经济、技术论证。

6.3.3　建筑装饰施工图变更的办理程序及内容

一、意向通知

承包人请求变更时，根据合同有关规定程序办理（申请必须附有详细的工程变更方案、变更的原因、依据及有关的文件、试验资料、图纸、照片、简图及给其费用带来影响的估价报告等有关的资料），经监理工程师同意后上报工程计划部，经设计代表、工程计划部审核后，报主管部门批准，由工程计划部完成下发《设计变更通知表》。

二、资料收集

指挥部相关部门、设计代表会同监理工程师受理变更。变更意向通知发出后，必须着手收集与该变更有关的一切资料。包括：变更前后的图纸（或合同、文件）；来自业主、监理工程师、承包人等方面的文件与会谈记录；上级主管部门的指令性文件等。

三、费用评估

指挥部根据掌握的文件资料和实际情况，按照合同的有关条款，考虑综合影响，完成下列工作之后对变更费用做出评估。

（1）审核变更工程数量，评审的主要依据是：

① 变更通知及变更图纸；

② 业主代表现场认定；

③ 监理工程师现场计量。

（2）确定变更工程的单价：有清单单价的按清单单价计量，无清单单价的由施工单位根据具体项目下浮相应百分点计量。编制预算上报工程计划部，确定单价后，报审查确认后批复。

四、签发工程变更令

变更资料齐全，变更价格确定后，经上级主管部门批准，由工程计划部向承包人发出《工程变更指令》。

6.3.4　建筑装饰施工图变更的注意事项

（1）进行设计变更，事先应周密调查、备有图文资料，并填写《设计变更报审表》，详细申述设计变更理由（包括与原设计的经济比较）按照审批权限逐级报请审批。未经正式批准不得实施。

（2）申请必须附有详细的工程变更方案、变更的原因、依据及有关的文件、试验资料、图纸、照片、简图及给其费用带来影响的估价报告等有关的资料。

（3）变更设计文件内容应全面，达到国家规定的施工图设计编制范围和深度。

任务实施：建筑装饰施工图变更设计

一、任务条件

某装饰工程现场，有配套装饰施工图，根据现场情况和项目要求变化，提出变更要求。

二、任务要求

根据变更要求，进一步进行现场尺寸复核，进行变更设计，完成变更施工图，备好图文资料，填写《设计变更报审表》。

三、评分标准

建筑装饰施工图变更设计评分标准见表6-3-1。

表6-3-1　建筑装饰施工图变更设计评分标准（10分）

序号	评分内容	评分说明	分值
1	方案论证	对设计变更建议进行经济、技术论证	2
2	变更设计	变更设计合理，能满足变更要求	3
3	变更施工图绘制	变更施工图绘制内容完整、正确，符合制图标准	3
4	设计变更报审表	详细的工程变更方案、变更的原因、依据及有关的文件、试验资料、图纸、照片、简图及给其费用带来影响的估价报告等有关的资料	2

项目拓展实训

学生组成3~4人小组，分别扮演代表建设单位、设计单位、施工单位等相关单位的技术人员，以保护己方利益为目的，对给出的建筑装饰施工图进行图纸修正、提出问题，能做到有理有据，进行自审、会审、技术交底等任务，提高绘图与审图水平。

习题与思考

1. 建筑装饰施工图会审有哪些内容？
2. 施工单位如何组织自审？
3. 建筑装饰施工图变更应遵循的原则和程序是什么？

附录

××酒店装饰工程装饰施工图纸

XX酒店装饰工程装饰施工图纸

设计单位：
日　期：

图纸目录

施工说明

装饰材料表

图例	材料名称	品牌	规格	使用部位	备注(燃烧性能)
PB	石膏板	石膏板			
PB1	纸面石膏板	纸面石膏板	12mm	空间吊顶	A级
PTE		乳胶漆			
PTE1		白色乳胶漆		顶面、墙面局部	B1级
PTL		油漆			
PTL3		香槟金漆		顶面局部/局部墙面线条	B1级
SST		不锈钢			
SST3		玫瑰金不锈钢		墙面局部	A级
WC		墙纸			
WC1		壁纸		包房、走廊	B1级
WC2		墙布		墙面局部	B1级
WD		实木			
WD2		实木线条		墙面局部	B1级
WDV		木饰面			
WDV1		木饰面	根据设计要求	墙面局部	B1级
WDV2		木制踢脚线	根据设计要求	墙面局部	B1级

图例	材料名称	品牌	规格	使用部位	备注(燃烧性能)
AC	板材				
AC1	仿木纹防火板			衣柜、餐柜、吧台等内饰面	A级
CA	地毯				
CA1	地毯		见选样	包房、走廊	B2级
CU	窗帘				
CU1	装饰帘		见选样	包房等	B2级
CU2	纱帘		见选样		B2级
CT	瓷砖、人造石				
CT5	防滑地砖		300mm×300mm	厨房、备餐间等	A级
CT6	人造石		根据设计要求	工作台台面	A级
CT7	墙砖		300mm×600mm	备餐间、厨房卫生间	A级
FAB	软包硬包				
FAB1	布艺软包		根据设计要求	包房、走廊等	B2级
MA	大理石				
MA1	新西米黄大理石		20mm	走廊	A级
MA2	新西米黄大理石		20mm	走廊	A级
MA3	卡布奇诺大理石		20mm	走廊	A级
MA7	黑金砂大理石		20mm	走廊、包房卫生间	A级
MR	镜子				
MR1	明镜			墙面局部	A级

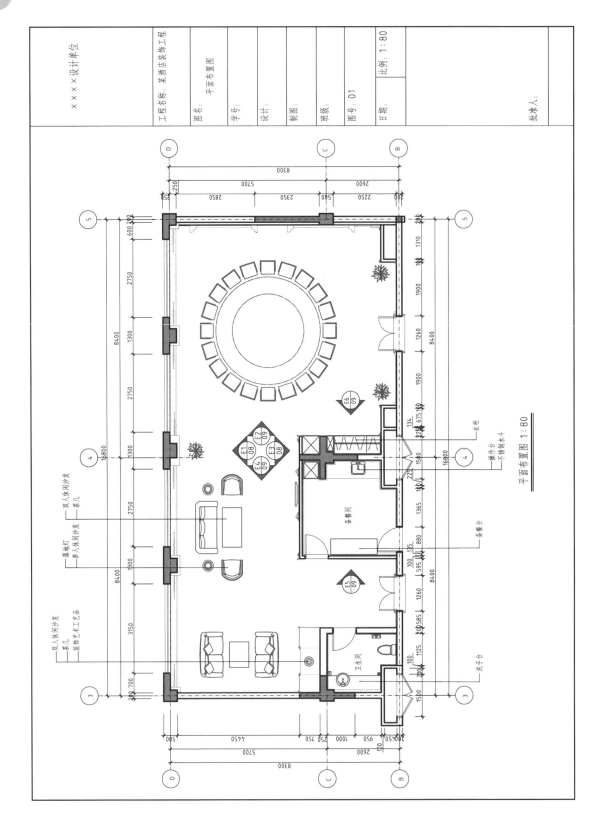

平面布置图 1:80

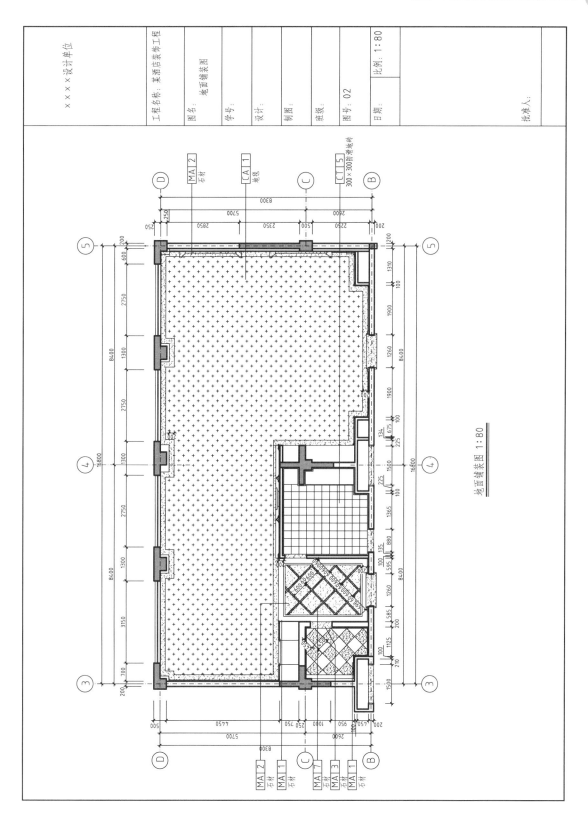

地面铺装图 1:80

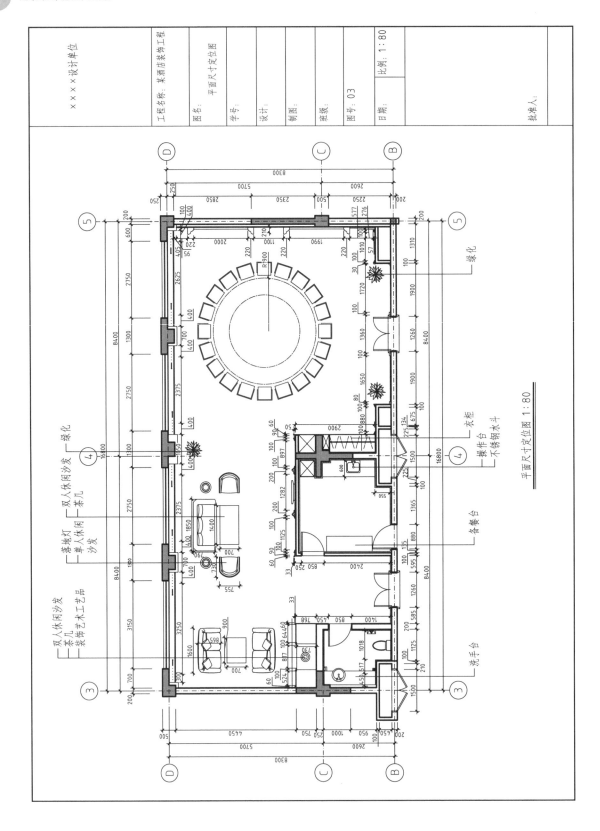

平面尺寸定位图 1：80

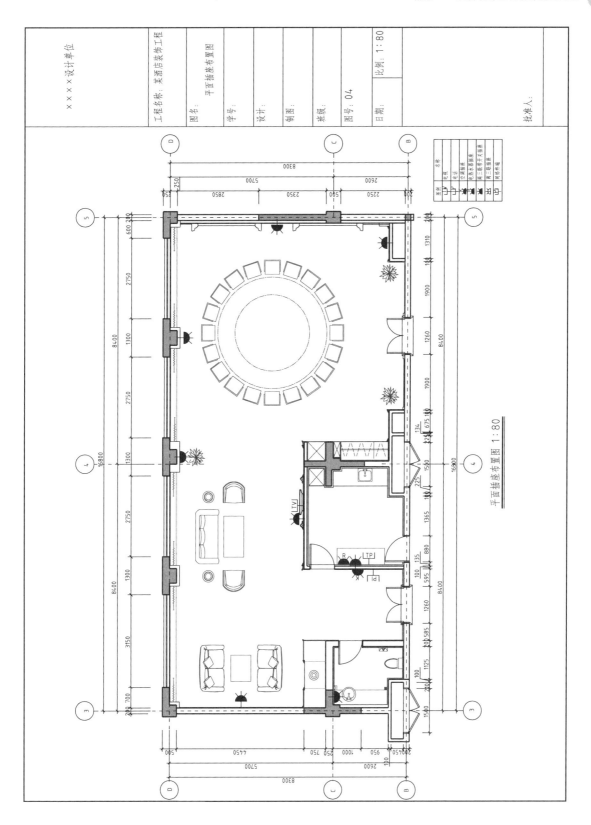

平面插座布置图 1：80

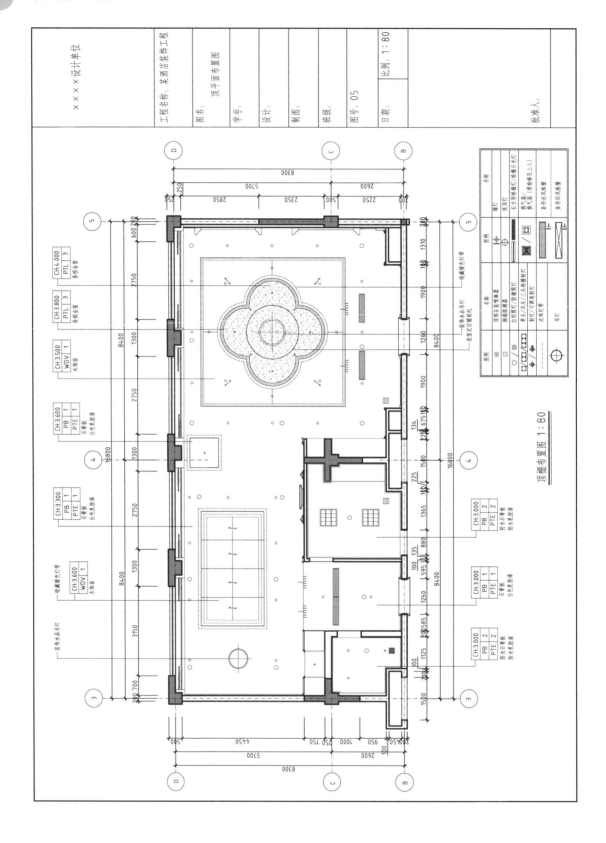

顶棚布置图 1：80

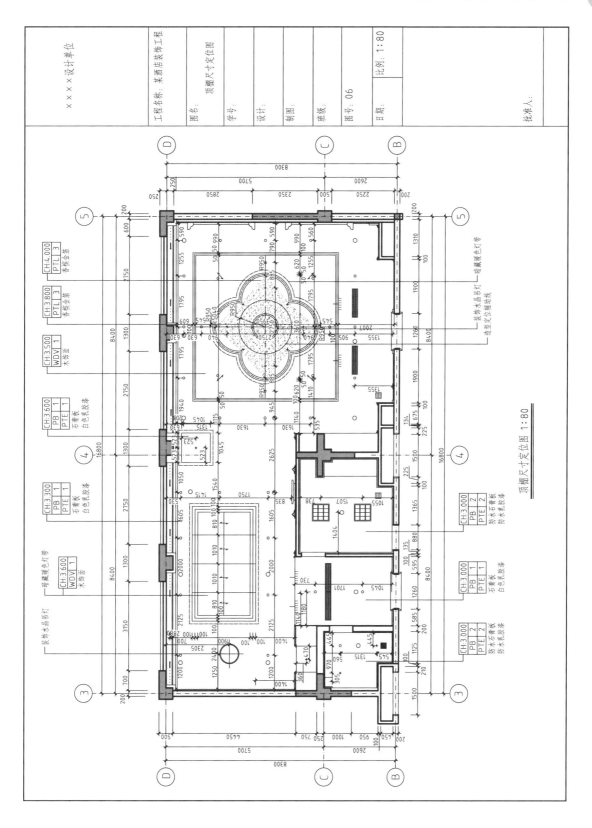

顶棚尺寸定位图 1:80

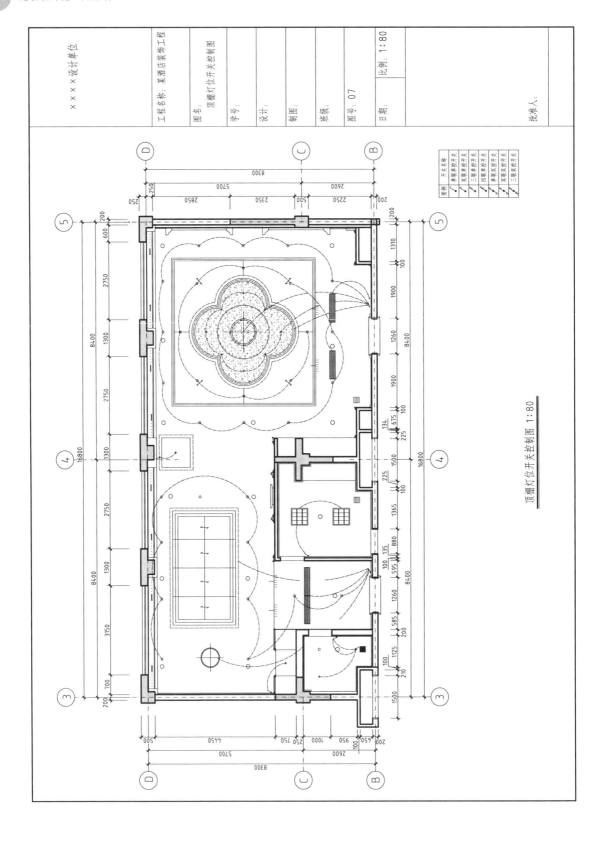

顶棚灯位开关控制图 1:80

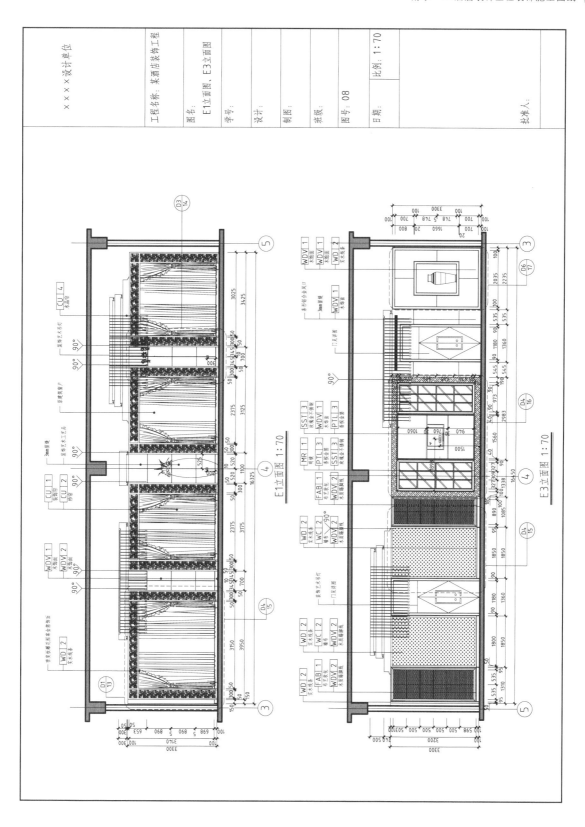

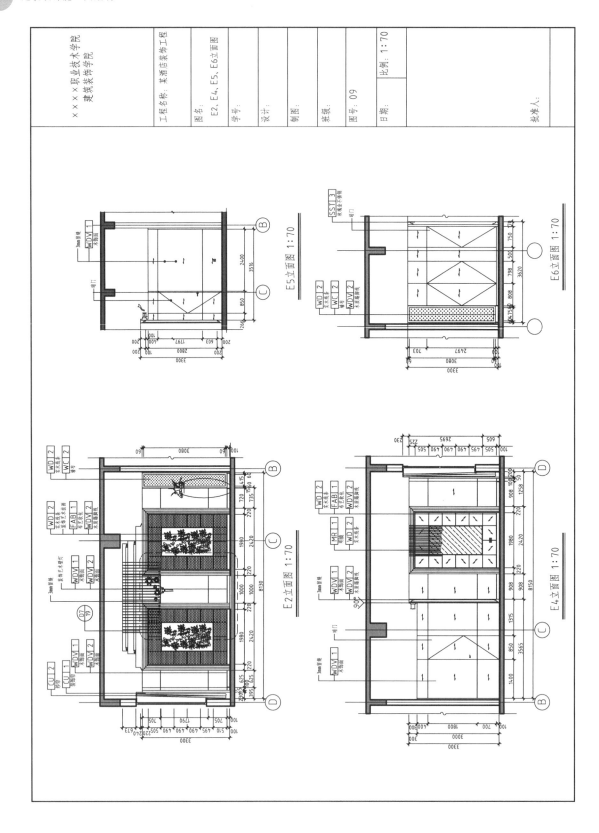

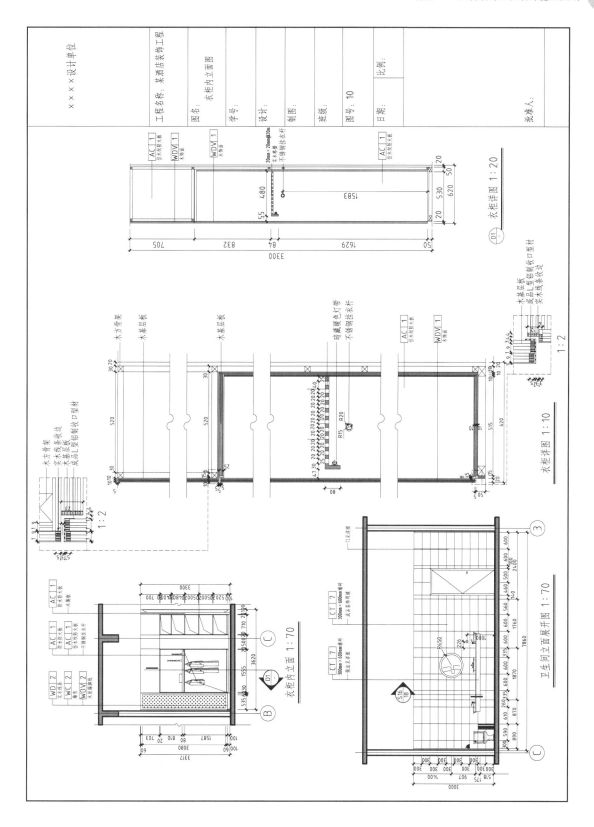

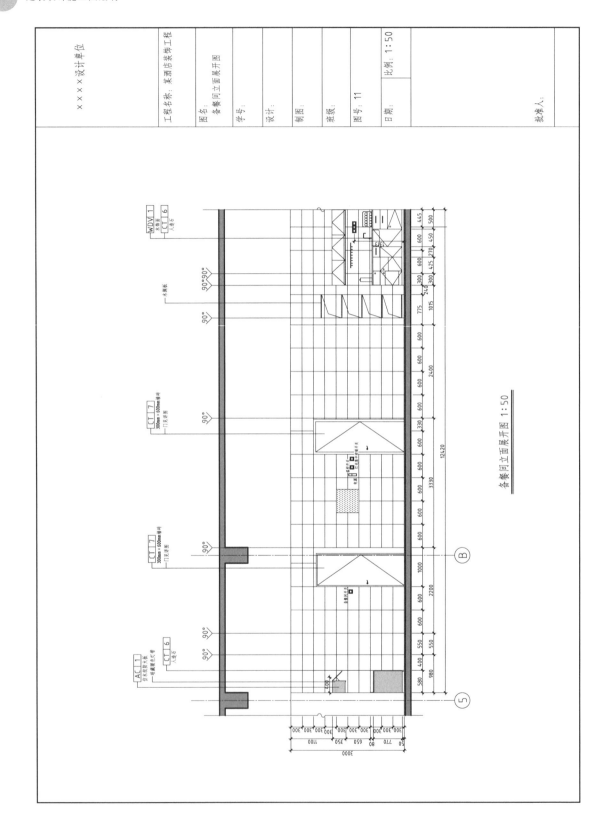

备餐间立面展开图 1:50

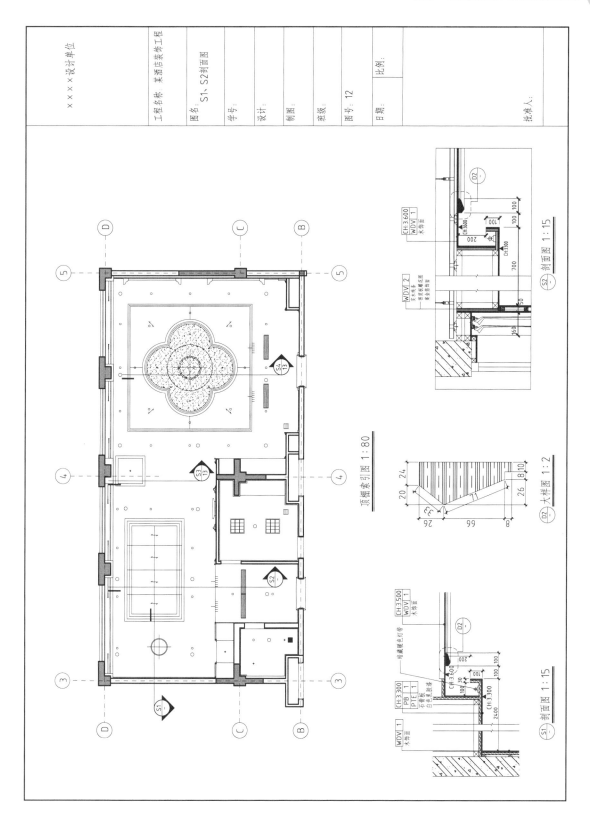

顶棚索引图 1:80

S2 剖面图 1:15

D2 大样图 1:2

S1 剖面图 1:15

×××设计单位

工程名称：某酒店装饰工程

图名：S1、S2剖面图

学号：

设计：

制图：

班级：

图号：12

日期：

比例：

批准人：

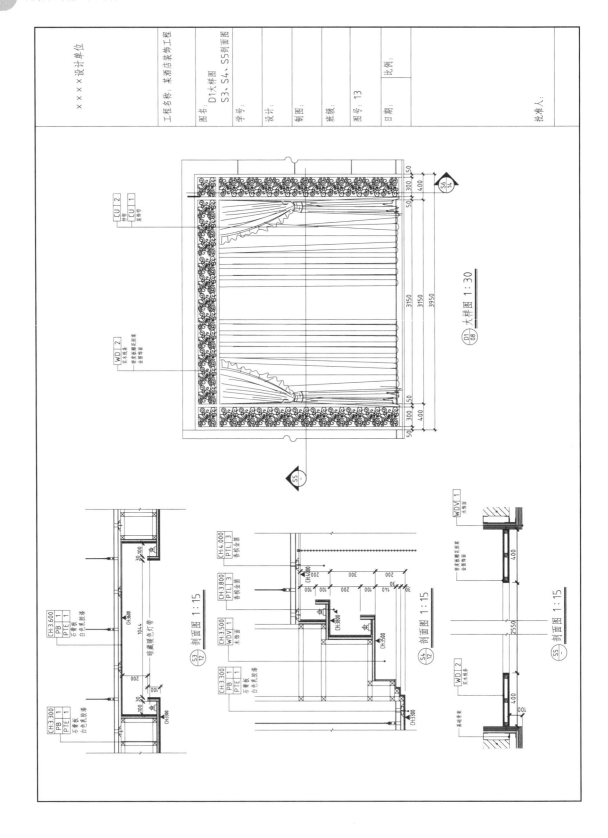

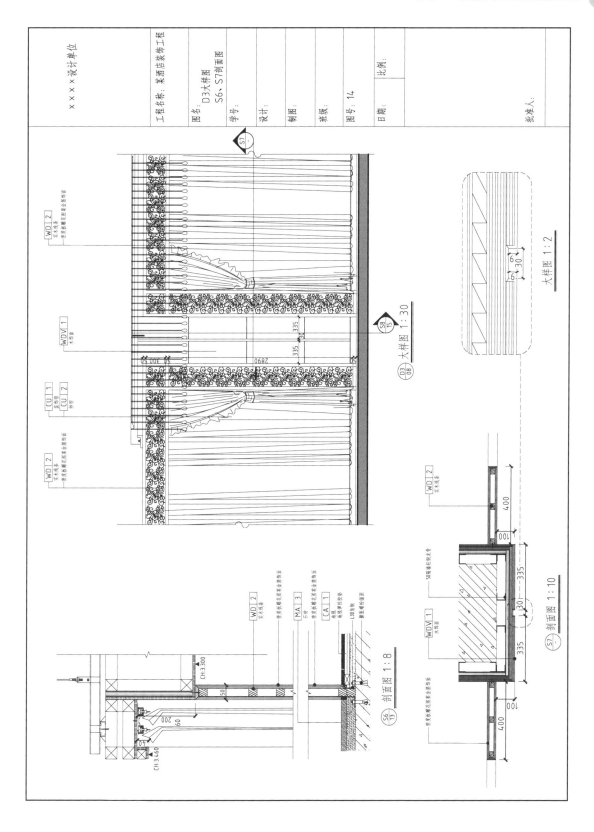

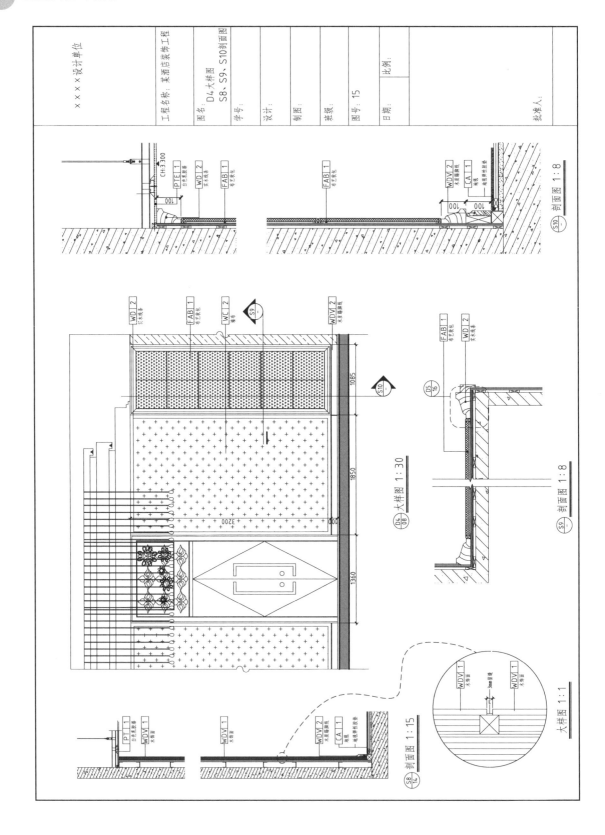

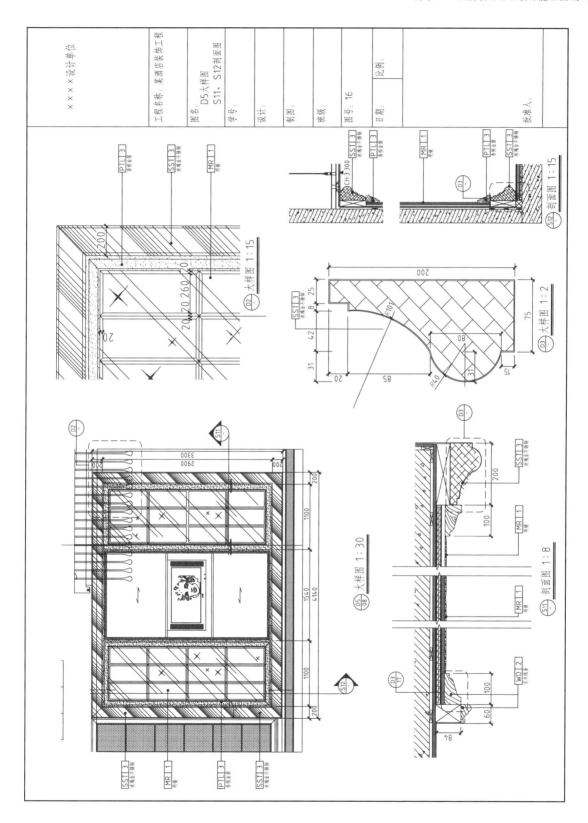

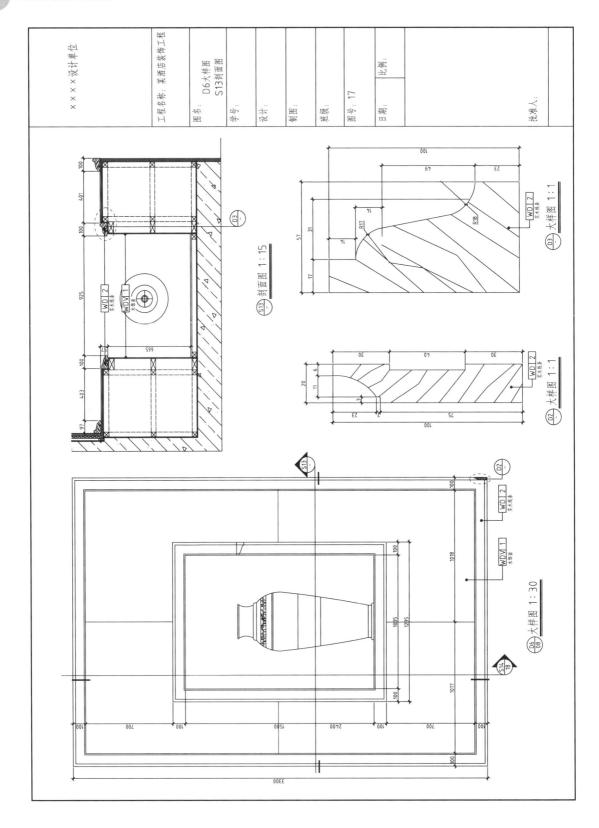

| ×××××设计单位 | 工程名称：某酒店装饰工程 | 图名：D6大样图 S13剖面图 | 学号： | 设计： | 制图： | 班级： | 图号：17 | 日期： | 比例： | 批准人： |

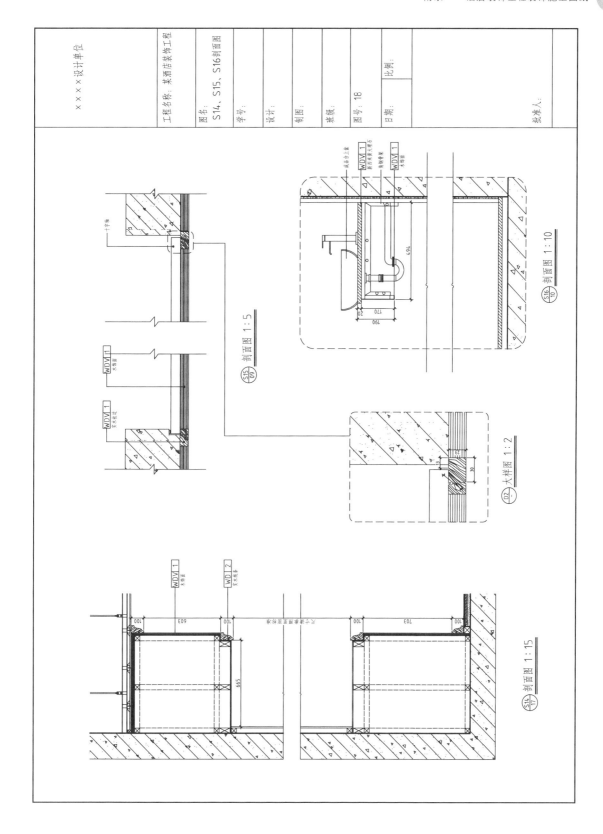

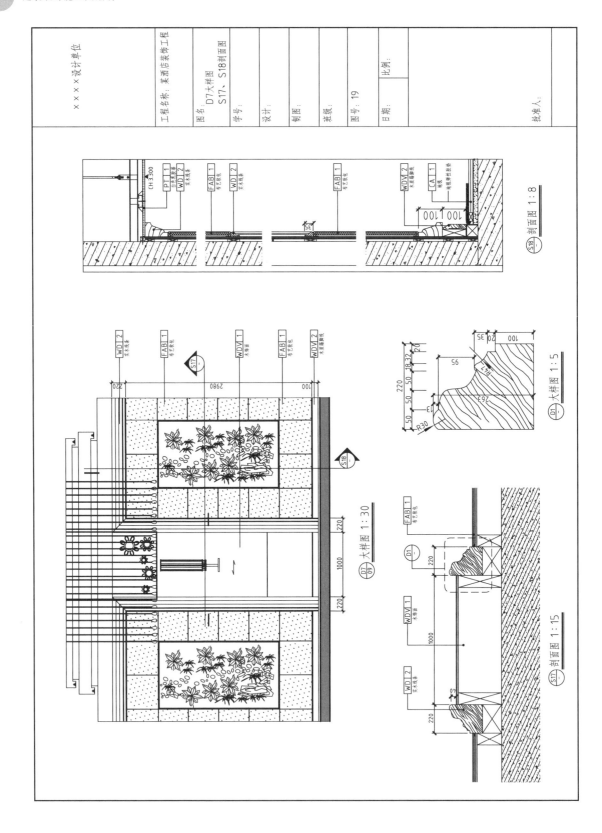

参考文献

［1］ 中华人民共和国住房和城乡建设部.房屋建筑制图统一标准:GB/T 50001—2017［S］.北京:中国建筑工业出版社,2017.

［2］ 中华人民共和国住房和城乡建设部.房屋建筑室内装饰装修制图标准:JGJ/T 244—2011［S］.北京:中国建筑工业出版社,2011.

［3］ 中国建筑标准设计研究院.民用建筑工程室内施工图设计深度图样:06SJ803［S］.北京:中国计划出版社,2009.

［4］ 中国建筑标准设计研究院.国家建筑标准设计图集 13J502-1～3 内装修［S］.北京:中国计划出版社,2013.

［5］ 中华人民共和国住房和城乡建设部.建筑装饰装修工程质量验收标准:GB 50210—2018［S］.北京:中国建筑工业出版社,2018.

［6］ 郭志强.装饰工程节点构造设计图集［M］.南京:江苏凤凰科学技术出版社,2018.

［7］ 赵鲲,朱小斌,周遐德,等.室内设计节点手册:常用节点［M］.上海:同济大学出版社,2017.

［8］ 赵鲲,朱小斌,周遐德,等.室内设计节点手册:酒店固定家具［M］.上海:同济大学出版社,2017.

［9］ 上海现代建筑装饰环境设计研究院有限公司.室内设计应用详图集［M］.北京:中国建筑工业出版社,2009.

［10］ 叶铮.室内建筑工程制图［M］.北京:中国建筑工业出版社,2004.

［11］ 刘超英,陈卫华.建筑装饰装修材料·构造·施工［M］.北京:中国建筑工业出版社,2015.

［12］ 张倩.室内装饰材料与构造［M］.重庆:西南师范大学出版社,2007.

［13］ 平国安.室内装饰设计员［M］.北京:机械工业出版社,2009.

［14］ 孙亚峰.室内陈设制作与安装［M］.北京:中国建筑工业出版社,2017.

［15］ 张绮曼,郑曙.室内设计资料集［M］.北京:中国建筑工业出版社,1991.

［16］ 武峰.CAD室内设计施工图常用图块:金牌家装实例［M］.北京:中国建筑工业出版社,2006.

［17］ 罗良武.建筑装饰装修工程制图识图实例导读［M］.北京:机械工业出版社,2010.

［18］ 高翔生.《房屋建筑室内装饰装修制图标准》实施指南［M］.北京:中国建筑工业出版社,2011.

［19］ 叶斌、叶猛.国广一叶室内设计模型库:家居装饰［M］.福州:福建科学技术出版社,2004.

［20］ 迟家琦,陆宴.顶尖样板房室内设计·施工图集［M］.沈阳:辽宁科学技术出版社,2015.

读者意见反馈

为收集对教材的意见建议，进一步完善教材编写并做好服务工作，读者可将对本教材的意见建议通过如下渠道反馈至我社。

咨询电话　400-810-0598

反馈邮箱　gjdzfwb@pub.hep.cn

通信地址　北京市朝阳区惠新东街4号富盛大厦1座

　　　　　高等教育出版社总编辑办公室

邮政编码　100029

防伪查询说明（适用于封底贴有防伪标的图书）

用户购书后刮开封底防伪涂层，使用手机微信等软件扫描二维码，会跳转至防伪查询网页，获得所购图书详细信息。

防伪客服电话　 (010)58582300